# GEOMETRY

오카베 츠네하루    혼마루 료 지음    원지원 옮김

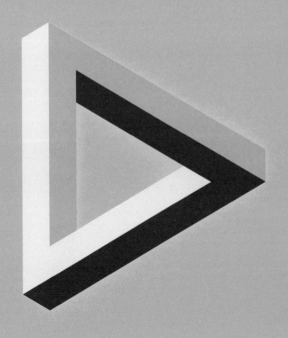

어려운 개념을 해석하는 또 다른 차원

## 오카베 츠네하루

도쿄대학 대학원 이학 연구과를 수료했다. 사이타마 대학 경제학부 교수를 거쳐 현재는 동 대학 명예교수로 재직중이다. 일본 수학협회 부회장이며 1999년 저서 『分数ができない大学生 분수를 못하는 대학생』〈공동 편집, 東洋経済新報社〉으로 학력 저하 논의의 불씨를 지펴 일본 수학회 출판상(2006년)을 수상했다. 『マンガ幾何入門 만화 기하 입문』, 『マンガ·微積分入門 만화·미적분 입문』〈講談社〉 등 새로운 시점의 베스트셀러 서적도 다수 집필했다.

## 혼마루 료

요코하마 시립대학을 졸업했다. 일본 수학협회 회원이며, 출판사 근무를 거쳐 과학 전문 작가로 독립했다. 난해한 개념을 한마디로 쉽게 정리하고, 복잡하게 얽힌 내용도 단순하게 풀어내는 '초월 해석'에 정평이 나 있다.

## 일러스트 미야지마 마이

### 일러두기

본 도서는 2011년 일본에서 출간된 오카베 츠네하루, 혼마루 료의 『マンガでわかる幾何』를 번역해 출간한 도서입니다. 내용 중 일부 한국 상황에 맞지 않는 것은 최대한 바꾸어 옮겼으나, 불가피한 경우 일본의 예시를 그대로 사용했습니다.

대학 시절 필자 오카베의 지도 교수였던 다무라 이치로 선생님은 종종 "지금 이야기한 내용을 그림으로 그려 봐"라고 말씀하셨습니다. 학생이 제대로 이해하지 못했거나 이해하기 어려운 내용이 나올 때마다 하시던 말씀입니다.

그림으로 그린다는 게 말은 쉬워 보여도 그렇지 않았습니다. 수업에서 주로 다루던 내용은 4차원 이상의 공간이었기 때문이지요. 충분히 이해했더라도 2차원인 종이나 칠판 위에 그림을 그리기가 쉬운 일은 아니었답니다.

하지만 이 '그림으로 그려 보는' 경험을 통해 복잡한 개념을 추상화하거나 더 간단히 표현할 수 있는 법을 익히게 된 것 같습니다.

수학의 역사를 거슬러 올라가 보면 그 시작은 수를 세고 도형을 분석하기 위해서였다고 합니다. 그래서인지 수학이 비약적으로 발전한 그리스 시대에는 '수학=기하학(철학)'이었습니다.

기원전 300년경 고대 그리스의 수학자 유클리드는 당시의 그리스 수학을 체계적으로 정리해 『유클리드 원론』(이하 『원론』)을 집필했습니다. 이를 17세기 초 이탈리아의 마테오 리치와 중국의 서광계가 번역해서 중국에 소개한 것이 『기하학 원론』입니다. 그 이름처럼 『원론』은 기하학의 원류로 여겨집니다. 그리고 오랫동안 전 세계 수학 교육의 바이블로 자리 잡았지요. 이렇게 탄생한 기하학이 과학의 발전에 큰 보탬이 되었다는 것은 누구나 인정하고 있습니다.

사실 『원론』에 담긴 내용은 기하뿐만이 아닙니다. 현대 수학에서 말하는 수론, 방정식이 30% 이상 포함되어 있습니다.

　예를 들면 소수가 무한히 존재한다는 증명이나 가 무리수라는 사실, 최대 공약수를 계산하기 위한 유클리드의 호제법 등입니다. 누구나 한 번쯤은 들어 봤을 법한 유명한 수학적 지식이지요.

　다만 『원론』에서는 수를 선분의 길이로 나타내거나, 피타고라스 정리의 경우 변의 길이 a에 대해 a2을 정사각형의 넓이로 나타내는 등 무엇이든 '기하적으로 접근'하고 있습니다.

　그 바탕에는 '그림으로 그린다는 것'이 곧 '진짜 이해하는 것'이라고 생각했던 당시의 견해가 깔려있을 것입니다.

　위대한 수학자 가우스는 '정수론은 수학의 여왕'이라고 했습니다. 그렇다면 '기하학은 수학의 왕'이라고 할 수 있습니다. 기하를 통해 본질을 쉽게 이해할 수 있기 때문입니다.


　이 책은 기하로 문제를 푸는 즐거움을 많은 사람이 알았으면 하는 바람으로 만들었습니다. 만화를 활용함으로써 도형으로 이해하는 기하의 특징도 잘 살렸습니다.

　마지막으로 훌륭한 만화를 그려 주신 미야지마 마이 님, 도판을 제작하신 하세가와 에미 님에게 깊은 감사를 표합니다.

오카베 츠네하루

혼마루 료

**선생님**

무심해 보이지만 수학에는 깊은 애정을 쏟는다. 좋아하는 음식은 돈가스 덮밥!

**유리**

보기와는 달리 날카롭게 핵심을 찌르는 면이 있다. 좋아하는 과목은 이과 계열, 수학. 리본은 분홍색만을 고집한다.

**지훈**

잘난 체하길 좋아하는 중학교 1학년. 수학에 대한 거부감이 심하다. 취미는 유명인의 사인 모으기.

# 목차

## 제1장

# 태초에 기하학이 있었다!

# 기하란?

 '미적분은 뭐가 뭔지 모르겠지만 기하는 도형을 다루는 거라 재밌다'라는 사람이 의외로 많다. 중학교 수학 시간에 보조선 하나로 순식간에 문제를 풀었던 짜릿함과 즐거움이 바로 기하에 있다.

 본격적으로 기하 이야기를 시작하기 전에, '기하(幾何)'라는 용어부터 짚고 넘어가 보자. 어디서 어떻게 생겨난 말일까?

 시대를 거슬러 올라가 고대 이집트에서는 매년 나일강이 범람했다. '이집트는 나일강의 선물'이라는 말대로 이 정기적인 범람은 이집트의 천문학이 발전하는 계기가 되었다.

 천문학 외에도 수학, 특히 기하학이 발전했다. 나일강의 범람은 기존 토지 구획을 한순간에 무너뜨려 이집트인들은 매번 토지 측량을 다시 해야만 했다. 이 '토지 측량'의 고대 그리스어(토지$\chi\eta$=게, 측량$\mu\epsilon\tau\rho\epsilon\omega$=메트레오)가 geo(토지)metry(측량)가 되고, geo(지오)의 발음이 한어의 '지허(幾何)'가 되었다. 이 문자가 한자 문화권의 각국에 그대로 전해진 것이다.

 토지 측량에서 출발한 기하학은 삼각형, 사각형이나 원, 사각뿔(피라미드), 구 등 다양한 형태의 넓이와 부피를 구하는 방법을 찾아냈다.

 또한 고무판의 기하학(토폴로지), 고사리의 잎 모양이나 하천의 분기점 등을 대상으로 하는 프랙털 기하학, 우주의 형태로도 이어지는 푸앵카레 추측 등 기하는 지금도 여전히 '최첨단 수학' 이론으로서 존재하고 있다.

# 「유클리드 원론」에 나오는 '점, 선, 면'이란?

유클리드는 기원전 300년경에 활약한 수학자로 당시 그리스 수학의 성과를 『원론(또는 『기하학 원론』)』이라는 책으로 정리했다.

『원론』에서는 최초로 엄밀한 '정의'를 내리고 따로 증명할 필요 없이 누구나가 인정하는 '공리(공준)'를 정했으며, 이 정의와 공리에 의해 증명되는 '정리'를 약 500개 소개했다. 매우 과학적인 절차로 체계화한 것이다.

유클리드는 『원론』에서 기하의 출발점이라고도 할 수 있는 '점, 선, 면'에 대해 사람들이 보통 생각하는 것과는 다른 정의를 내리고 있다.

예를 들면 '점'.

우리가 연필로 점을 그리면 아무리 작게 그려도 일정한 크기를 가지겠지만 유클리드는 "점은 폭과 길이를 가지지 않는다"라고 말했다. 물론 넓이도 가지지 않는다.

'선'도 마찬가지로 아무리 가늘게 그었다고 해도 폭이 존재한다. 그러나 유클리드는 "선은 폭을 가지지 않는다"라고 말했다.

'면'도 같다. 얇은 종이를 보면 두께가 없는 것처럼 느껴지기는 해도 실제로는 아니다. 이 책도 100장, 200페이지 정도의 종이로 1센티미터의 두께를 가진다. 그렇지만 유클리드는 역시 "면은 두께를 가지지 않는다"라고 정의했다.

기하학은 토지 측량 등 일상생활과 가깝고 실용적인 면이 있다. 하지만 유클리드는 모호한 것을 배제하고 엄밀한 정의와 공리, 그리고 이를 바탕으로 수많은 정리를 도출함으로써 현대 수학의 기초를 닦았다.

# '기하'는 이 세 가지 정의로부터 시작됐다!

# 차원을 한 단계 높여서 쉽게 답 찾기

'점, 선, 면, 입체'를 '차원'으로 나타내면 '0차원, 1차원, 2차원, 3차원'이 된다. 최근에는 마치 눈앞에 새로운 세계가 펼쳐진 느낌을 주는 '3D(3차원) 영화'가 인기를 끌고 있다.

한편 수학자들은 일찍부터 차원을 연구 주제나 도구의 하나로 여겨 왔다. 차원을 도구로 사용한다는 것은 어떤 의미일까?

예를 들어 개미 a가 1차원 '선의 세계'를 오른쪽에서 왼쪽으로 이동하고 있고 개미 b는 왼쪽에서 오른쪽으로 향하고 있다고 하자. 둘이 만나게 되면 아무도 더 이상 앞으로 나아갈 수 없다. 그러나 만약 개미가 2차원 '평면의 세계'에 살고 있다면 문제는 바로 해결된다. 평면은 넓으니 옆으로 조금 움직이면 되는 것이다.

한편 2차원의 개미들에게는 자신이 살고 있는 평면 세계가 ①평평한 평면인지, ②둥근 구면(球面)인지, ③구멍이 뚫린 도넛면의 일부분에 살고 있는지 알 길이 없다. 하지만 3차원을 날아다니는 파리나 새의 눈에는 개미의 공간이 훤히 보일 것이다.

개미를 비웃을 수는 없다. '지구는 평면인가, 아니면 구체인가?'라는 물음에 대해 지구에 살고 있는 우리도 쉽게 답을 찾지 못했기 때문이다.

차원을 높이는 방법은 우주 밖으로 나갈 수 없는 인간에게 우주가 어떤 형태인지 알 수 있는 단서를 제공해 준다. 문제를 쉽게 해결할 뿐만 아니라 시야를 크게 넓히는 효과도 가져다주는 것이다.

※지구의 표면(구면) 자체는 2차원이다.

# 원은 왜 360°일까? 라디안이란?

초등학교에서 처음 도형을 접하면 '직각은 90°'라고 배우고 '원을 한 바퀴 돌았을 때의 각도는 360°'라고 배운다. 하지만 이것도 인간이 임의로 정한 것일 뿐인데 100°와 같이 딱 떨어지는 수였다면 더 좋지 않았을까?

사실 360이라는 수는 많은 약수를 가지는 편리한 수다. 100과 360의 약수 수를 비교해 보면,

100의 약수 = 2, 4, 5, 10······
360의 약수 = 2, 3, 4, 5, 6, 8, 9······

와 같이 360의 약수가 압도적으로 많다. 약수가 많다는 것은 홀 케이크를 공평하게 나눌 때도 편리하다는 뜻이다.

어쩌면 '1년=365일'이므로 달력과 맞추기 위해 한 바퀴 도는 원의 중심각을 360이라고 했는지도 모른다.

고등학교 수학에서는 갑자기 라디안(호도법)이 나온다. 각도는 '°'로도 충분히 나타낼 수 있는데 왜 호도법이 필요한가에 대한 설명도 없이 대부분 수업이 시작된다. 그런데 이 또한 '라디안을 사용하면 편리'하기 때문이다. 미분, 적분할 때 '°'로 처리하면 복잡하지만, 호도법을 적용하면 계산이 편해진다. '편리하다'라는 것은 수학에서 하나의 핵심이라고 할 수 있다.

# 360°도 라디안도 '편리'해서?

# '평행선이 만나는 것'의 역발상

앞서 유클리드의 『원론』에는 ①정의, ②공리·공준(누구나 인정하는 전제), ③500개의 정리가 기록되었다고 했다. 그중 ②'공준'의 5번째가 '평행선의 공준'이다. 『원론』에서는 아래와 같이 기술하고 있다.

---

●유클리드의 제5 공준(평행선의 공리)
한 직선이 다른 두 직선과 만날 때, 같은 쪽에 있는 내각의 합이 180°보다 작으면 이 두 직선을 무한히 연장했을 때 합이 180°보다 작은 각 쪽에서 서로 만난다.

---

양쪽으로 끝없이 연장해도 만나지 않는 선을 평행선이라고 한다. 그런데 위의 문장을 잘 읽어 보면 '주어진 직선 밖의 한 점 P를 지나는 평행선은 하나만 존재한다'라는 것과 같은 뜻이다.

다음 페이지의 아래 그림에서 만약 a와 b 쪽의 직선을 오른쪽으로 늘려서 만나지 않으면,

$$d+f \geqq 180° \quad \cdots\cdots\cdots \quad ①$$

반대로 왼쪽으로 늘려서 만나지 않으면,

$$c+e \geqq 180° \quad \cdots\cdots\cdots \quad ②$$

이다. 또한,

$$c+d=180°, \quad e+f=180° \quad \cdots\cdots\cdots \quad ③$$

③을 ②에 대입하면,

$$(180°-d)+(180°-f) \geqq 180°$$

가 되어,

$$d+f \leqq 180° \quad \cdots\cdots\cdots \quad ④$$

①과 ④에 따라 d+f=180°가 된다.

## 평행선에서는 동위각 · 엇각 · 맞꼭지각이 같음

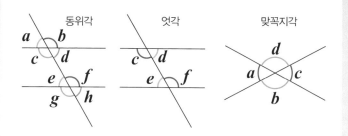

## 평행선의 공리란?

유클리드의 제5 공준 (평행선의 공리)
한 직선 $l$이 다른 두 직선 $m$, $n$과 만나고 같은
쪽에 있는 내각의 합($d{+}f$)이 180°보다 작으면,
$m$과 $n$을 무한히 연장했을 때 합이 180°보다
작은 각 쪽에서 서로 만난다.

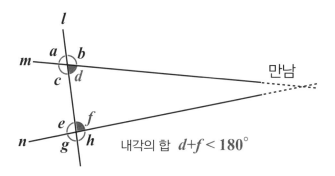

# '내각의 합은 180°'의 증명을 쉽고 간단하게

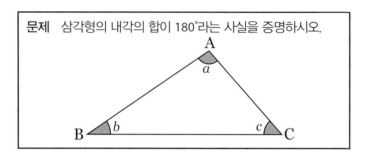

**문제**  삼각형의 내각의 합이 180°라는 사실을 증명하시오.

삼각형의 내각의 합이 180°라는 사실은 이제 당연한 상식이지만, 중학생 시절로 돌아갔다고 가정하고 고민해 보자. 이때 한 개의 보조선을 사용하는데 '어디에 그릴 것인지'가 중요하다.

다음 페이지의 상단 그림과 같이 삼각형 ABC의 꼭짓점 A를 지나 한 변 BC에 평행한 직선 XY를 그리면, ∠XAB와 각 b, ∠YAC와 각 c는 엇각으로 서로 같기에

$$∠XAB = b \quad ∠YAC = c$$

가 된다. 따라서 삼각형의 내각의 합은

$$a+b+c=a+∠XAB+∠YAC$$

이다. 이는 직선 XY와 같으므로 180°다. 따라서 '삼각형의 내각의 합=180°'라고 증명할 수 있다. 하나의 보조선을 긋는 것만으로 간단히 증명할 수 있는 것이다.

한편 초등학교에서는 가위로 잘라 나누는 방법으로 증명하기도 한다. 즉 세 개의 각 a, b, c를 포함한 3개의 도형으로 나눈 뒤 각각의 꼭짓점을 합친다. 그러면 반듯한 일직선이 만들어진다. 그런데 우리 눈에 일직선으로 보이는 것일 뿐 사실은 179°나 181°일지도 모른다. 초등학생도 이해하기 쉬운 다른 방법은 없는 걸까?

# 삼각형의 내각의 합=180°를 증명하는 방법

## (1) 보조선 그리기

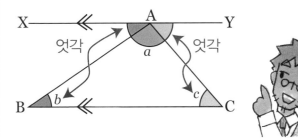

## (2) 가위로 잘라 나누기

가위로 세 조각 만들기

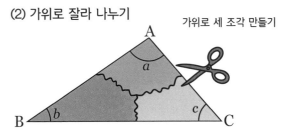

우와~
일직선이다!

정확히 180°…?

진짜로
일직선일까?

옳지, 의문을
품는 것은
좋은 자세야!

# 연필 회전법으로 각도 측정하기

삼각형의 내각의 합을 알아내는 또 하나의 방법으로 '연필 회전법'을 알아보자. 한번 알아두면 사용하기도 편리하고 마술 같은 짜릿함이 있다.

우선 기본적으로 각도와 연필의 회전을 맞춰야 한다. 그리고 오른쪽으로 돌릴 것인지, 왼쪽으로 돌릴 것인지를 정하자.

27쪽 그림과 같이 연필 꼭지를 삼각형의 꼭짓점 하나에 놓고(예를 들어 삼각형 ABC의 A) ∠A만큼 회전한다.

다음으로 다른 꼭짓점(예를 들어 B)까지 이동한다. 여기서 주의할 점은 꼭짓점 B에서 연필 촉을 멈추는 것이 아니라 조금 더 지나 ∠A에서처럼 연필 꼭지를 꼭짓점 B에 맞추는 것이다.

이어서 ∠B만큼 회전해야 하는데 ∠B는 연필의 반대쪽에 있다. 하지만 '맞꼭지각은 같다'라는 사실을 이용해 ∠B만큼 회전한다.

마찬가지로 꼭짓점 C까지 연필을 이동해 연필 꼭지가 꼭짓점 C와 만나면 ∠C만큼 회전한다. 여기까지 연필은 쭉 같은 방향으로 회전했다.

마지막으로 그 상태를 유지하며 A로 이동하면 시작 지점(꼭짓점 A)에 도달한다. 이때 처음과 비교하면 '연필의 방향이 정반대', 즉 180° 회전한 사실을 알게 된다.

결과적으로 삼각형의 내각(∠A~∠C)만큼 회전하면 0.5회전(180°)을 한 것이다. 1회전 하면 360°, 1.5회전이면 540°다. 사각형은 1회전, 오각형은 1.5회전이 될 것이다. 연필 한 자루를 가지고 모두 한번 시도해 보자.

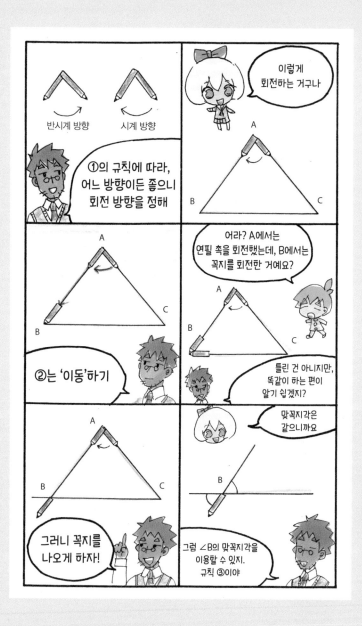

## 기하학에 왕도는 있다?
## 유클리드에게 반론 제기!

알렉산드로스 대왕 사망 후 그리스 · 페르시아 · 인도에 이르는 대제국은 후계자들에 의해 분할됐다. 그중 현재의 이집트 부근을 지배한 인물이 프톨레마이오스 1세다. 프톨레마이오스는 학술 문화의 부흥에 힘을 쏟았고 다수의 학자를 초빙했다. 기원전 300년경의 유클리드도 그중 한 명이었다.

유클리드는 당시의 고대 이집트, 그리스 수학을 집대성해 『원론』을 완성했다. 『원론』은 '정의→공준→정리'의 순서로 그동안 인류가 구축한 기하학을 차근차근 짚어 나가는 방식으로 기술해 지루한 면도 있다. 원론을 읽던 프톨레마이오스 1세도 고개를 저으며 "유클리드, 좀 더 쉽게 기하학을 이해할 방법은 없나?"라고 물었다고 한다.

이에 유클리드가 답한 말이 "기하학에는 왕도가 없다"라는 유명한 격언이다.

유클리드의 이 명언은 학문을 탐구하는 이들의 교훈으로 여겨지고 있지만, '좀 더 쉽게 이해할 수 있는 길은 없을까'라고 생각하는 것 자체는 수학에 뜻을 둔 사람에게 매우 중요한 사고방식이다.

또 엄밀히 따지지 않더라도 "그건 한마디로 말하면 이런 거야"라고 간단히 설명할 수 있게 되면 본질을 파악하기도 쉬워진다.

이 책 『하루 한 권, 기하학』은 그런 의미에서 '기하학에 왕도가 있음'을 보여주기 위해 고민하고 노력한 결과물이다.

# 제2장
# 기하의 기본은 '변형'

# 직사각형의 넓이가 가로✕세로인 이유

특목중학교를 지원하는 대부분의 초등학생은 수험 대비 학원에 다니는 데 등록 전에 시험을 봐야 하는 학원도 있다. 아직 학교에서 넓이를 배우지 않은 한 초등학생이 시험에서 아래와 같은 넓이 문제에 부딪혔다고 한다.

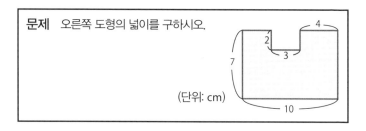

**문제**  오른쪽 도형의 넓이를 구하시오.

(단위: cm)

넓이 계산법은 고사하고 그 개념조차 모르는 아이는 다음과 같이 계산했다고 한다.

$$넓이 = 7 + 10 + 4 - 2 + 3 = 22$$

물론 오답이다. 하지만 '넓이'라는 말도 모르는 초등학생이 어떻게든 답을 찾아내려 필사적으로 고민한 흔적은 느껴진다.

직사각형의 넓이와 같은 간단한 계산조차도 그 규칙을 배우지 않으면 의미를 알 수 없다. '가로 1cm, 세로 1cm의 넓이는 $1cm^2$'라는 것을 일단 알아야 이후의 문제를 풀 수 있는 것이다. '넓이는 도형의 크기를 말하는 거야'라고 가르친다고 해도 스스로 계산 방법을 생각하고 답을 찾기는 매우 어렵다.

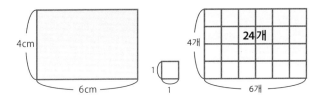

직사각형의 넓이는 '최소 면적 단위 1(정사각형)'에서 출발한다. 그러면 위의 그림과 같이 '1이 몇 개인지'를 생각하면 되는 것이다. 직사각형의 경우 '가로×세로'를 계산하면 효율적으로 답을 찾을 수 있다.

삼각형에는 대각선이 있어서 정사각형 칸의 수를 그대로 계산할 수는 없지만, 아래 그림의 직각 이등변 삼각형을 보면 '정사각형의 절반'임을 한눈에 알 수 있다.

또 일반 삼각형도 그림과 같이 두 개의 삼각형으로 나누면 큰 직사각형 넓이의 절반임을 알 수 있다.

따라서 삼각형의 넓이는 $\dfrac{밑면 \times 높이}{2}$ 가 된다.

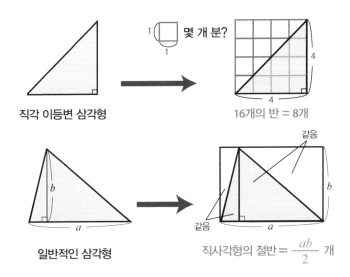

# 넓이는 그대로 두고
# 간단한 도형으로 바꿔 생각하기

기하의 묘미 중 하나는 '뭐든지 단순하게 생각하는 능력'을 얻을 수 있다는 점이다.

예를 들어 앞서 살펴본 삼각형의 넓이도 '모양 바꾸기'를 통해 사각형의 절반으로 인식했다. '넓이는 그대로 두고 간단한 도형으로 인식하는 기법'을 평행 사변형이나 마름모꼴, 사다리꼴 등의 사각형 넓이에도 응용해보자.

먼저 ①의 평행 사변형이다.

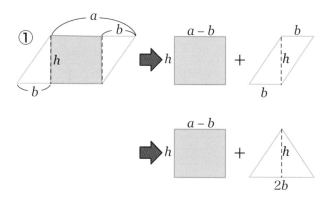

우선 양쪽의 돌출된 부분을 잘라낸다. 그러면 '직사각형 1개+직각 삼각형 2개'가 생긴다. 그 중 두 직각 삼각형은 합쳐 본다.

두 직각 삼각형을 그대로 합치면 평행 사변형이 되지만, 한쪽을 뒤집어 합치면 이등변 삼각형이 된다. 이렇게 보는 편이 더욱 간단하다.

그러면 '직사각형 1개 + 이등변 삼각형 1개'가 생긴다.

넓이는 아래와 같다.

$$(a-b)h + \frac{2b \times h}{2} = (ah - bh) + bh = ah$$

한편 조금 더 간단하게 만들 수도 있다. ②에서 먼저 왼쪽 돌출부를 잘라 내는데, 그때 왼쪽 삼각형을 그대로 오른쪽으로 평행 이동한다. 그러면 '평행 사변형→직사각형'으로 변신하므로 넓이는

ah

라는 사실을 알 수 있다.

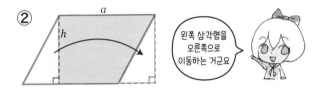

② 왼쪽 삼각형을 오른쪽으로 이동하는 거군요

다음은 마름모꼴 ③이다. 마름모꼴도 평행 사변형의 일종으로 정사각형을 누른 모양이라 네 변의 길이가 같으며, 얼마나 누르냐에 따라 대각선의 길이가 달라진다. 많이 찌부러뜨릴수록 네 변의 길이는 같아도 넓이는 작아진다.

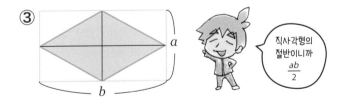

③ 직사각형의 절반이니까 $\frac{ab}{2}$

마름모꼴은 그림처럼 파란 선을 그리면 순식간에 직사각형으로 변신한다. 단, 직사각형의 절반이니 마지막에 2로 나눠야 한다는 사실을 잊지 말자.

$$\text{마름모꼴의 넓이} = \frac{ab}{2}$$

다음은 사다리꼴이다. 사다리꼴의 넓이는 아래와 같다.

$$\text{사다리꼴의 넓이} = \frac{(\text{윗변} + \text{밑변}) \times \text{높이}}{2}$$

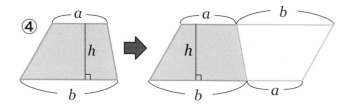

사다리꼴의 모양을 어떻게 변형시키면 위의 공식을 구할 수 있을까?
그림 ④를 보자.

이는 같은 사다리꼴 2개 중 한쪽을 뒤집어서 합친 것이다. 평행 사변형이
되어 '밑변×높이로 넓이를 구하고 2로 나누면 된다'라는 사실을 알 수 있
다. 가로의 길이=a+b이다. 즉 다른 말로 하면 (윗변+밑변)이다.
따라서 아래와 같은 식이 된다.

$$\text{사다리꼴의 넓이} = (\text{윗변} + \text{밑변}) \times \frac{\text{높이}}{2}$$

지금은 사다리꼴 2개를 사용했지만, 반대로 사다리꼴을 삼각형 2개로 나눔으로써 넓이를 구할 수도 있다.

그림 ⑤를 보자.

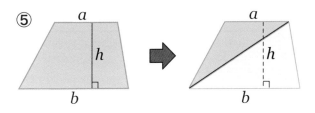

이는 대각선을 기준으로 2개의 삼각형으로 나눈 것이다. 이렇게 하면 b(밑변)와 a(윗변)가 각각 밑변이고 높이가 h인 삼각형이 2개 생긴 셈이므로

$$\frac{bh}{2} + \frac{ah}{2} = \frac{a+b}{2}h$$

가 된다.

가끔 'a도 밑변이라고 부르나요?'라고 조심스럽게 물어보는 사람이 있는데, 밑변이 맞다. 위치는 위쪽에 자리하고 있지만 (밑변×높이)는 (가로×세로)를 의미하는 것이기 때문이다.

④, ⑤에서 모두 사다리꼴의 넓이 공식이 나왔다. 더 마음에 드는 쪽으로 변형하면 된다.

# 형태를 바꿔 간단하게 만들기

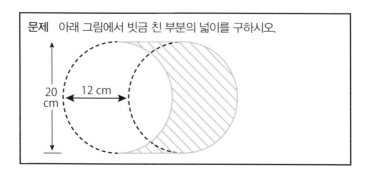

문제   아래 그림에서 빗금 친 부분의 넓이를 구하시오.

20 cm

12 cm

언뜻 보면 어려운 문제다. 그러나 '넓이는 그대로 두고 간단한 도형으로 인식하는 방법'의 연습이라고 생각하면 된다. 사다리꼴이나 평행 사변형, 마름모꼴로 '넓이는 그대로 두고 간단한 도형으로 바꾸는' 방식을 여기서도 적용해 보자.

일단 오른쪽에서 왼쪽으로 12cm만 쭉 밀어 본다. 그러면 아래와 같은 그림이 된다. 달 모양의 오른쪽 부분은 가운데 원에 흡수되고, 그 외의 부분은 왼쪽으로 나왔다.

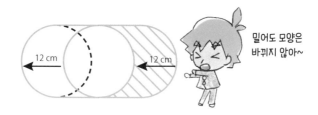

12 cm

12 cm

밀어도 모양은 바뀌지 않아~

하지만 이것만으로는 초승달 모양이 이동했을 뿐 문제가 쉬워졌다는 느낌은 없다.

왜일까? 왼쪽의 점선 원그림이 생각을 방해하기 때문이다. 왼쪽 원은 구하는 넓이와 아무 상관이 없다. 그래서 왼쪽은 원이라고 생각하지 않고 다음과 같은 형태로 간주하는 것이다.

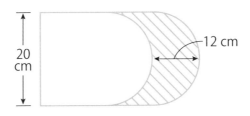

이제 왼쪽은 직사각형처럼 수정되었다. 여기서 다시 한번 오른쪽에서 왼쪽으로 그림을 밀어 넣어 보자.

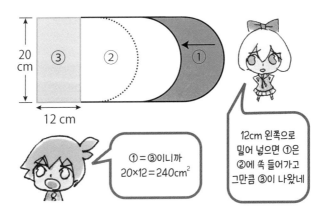

이렇게 오른쪽의 초승달 모양 ①이 12cm 이동해 가운데 ②에 흡수되었다고 가정한다. 그리고 전체가 12cm 왼쪽으로 이동했기 때문에 새롭게 가로 12cm의 직사각형 ③이 생길 것이다.

이러면 '초승달 모양이 직사각형으로 간단'해졌으므로

$$12 \times 20 = 240 \text{cm}^2$$

이다.

반대로 생각하면 더 간단하다.

아래와 같은 그림이 있을 때 이것이 오른쪽으로 12cm 옮겨졌다고 생각하는 것이다. 이처럼 '이동시켜 만들어진 넓이를 구하는 것'은 ①과 ②가 같기에 누구나 쉽게 답을 찾을 수 있다.

형태를 바꾼다 해도 처음과 같은 예처럼 의미가 없을 때도 있다. 어떻게 변형하느냐가 중요한 것이다.

넓이는 그대로 두고 모양만 바꿔 더욱 간단하게 만들어 가는 과정은 매우 즐겁다. 다음 페이지의 도형은 과연 어떻게 간단히 만들 수 있을까?

# 밀어서 이동시키면 간단해져!

# 삼각형 넓이로부터
# '수열의 공식' 도출하기

3대 수학자 중 한 명인 가우스는 어릴 적부터 계산법 등에서 천재적인 면모를 발휘해 주변 어른들을 깜짝 놀라게 했다고 한다.

아래의 문제는 가우스의 천재성을 이야기할 때 빠짐없이 등장한다. 가우스는 이 문제로 '수열'이라는 수학 개념의 선구자로 여겨진다. 이 일화를 보면 수열과 같은 복잡한 계산도 기하학적으로 접근함으로써 직관적으로, 그리고 시각적으로 이해할 수 있다는 점에 놀라게 된다.

---

**문제** '1~100'의 수를 모두 더하면 몇이 될까?

---

소년 시절 가우스는 뷔트너라는 교장 선생님으로부터 위와 같은 문제를 받고 곧바로 뜻밖의 방법을 통해 정답을 맞혔다고 한다.

'1~100'은 너무 많으니 일단 '1~10'으로 생각해 보자. 즉

$$1 + 2 + 3 + 4 + 5 + 6 + 7 + 8 + 9 + 10$$

을 계산하면 되므로 55가 된다. 차례차례 더해도 정답에 도달하겠지만, 가우스는 아래의 그림과 같은 계산을 했다고 한다.

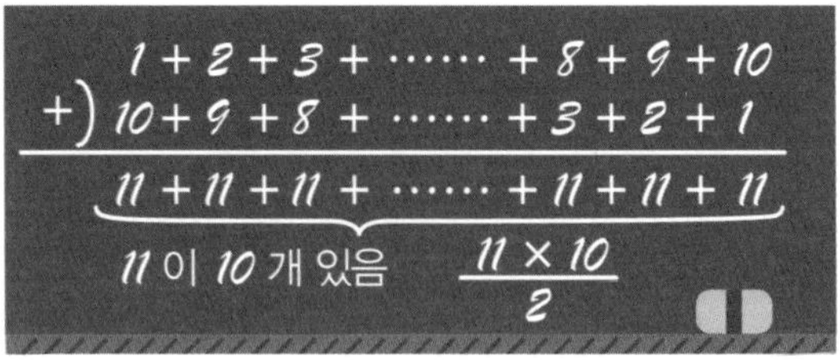

이는 고등학교에서 배우는 수열과 같은 접근이다. 수열이란 '수의 나열'로

$$1, 2, 3, 4, 5\cdots\cdots \qquad 자연수의 수열$$

$$1, 3, 5, 7, 9\cdots\cdots \qquad 홀수의 수열$$

$$1, 4, 9, 16, 25\cdots\cdots \qquad n^2의 수열$$

등 여러 가지가 있다.

가우스가 보여준 것은 '자연수의 수열'에서 '1~100'을 더한 것이다.

$$1 + 2 + 3 + \cdots\cdots + 97 + 98 + 99 + 100$$

이를 틀리지 않고 계산하는 것도 힘들지만(실제로 다른 학생들은 모두 계산 실수를 했다고 한다), 순식간에 답을 내놓는 그 비범함이 대단하다.

보통은 어른이 해도 중간에 꼭 계산 실수를 저지를 것이다. 가우스도 마찬가지다. 그가 달랐던 점은 단순하지만 계산 횟수가 적고 참신한 방법을 생각해 냈다는 것이다.

가우스의 42쪽의 계산을 그림으로 나타내면 다음과 같다.

이 그림을 보고 '생각의 전환'을 할 수 있다면, 소년 시절의 나의 아이디어를 알아챌 수 있을 거야

가우스

이 삼각형은

$$1 + 2 + 3 + 4 + \cdots\cdots + 8 + 9 + 10$$

을 나타내고 있다.

여기서 바로 생각의 전환이 필요하다. 다음 페이지의 맨 위 그림과 같이 또 하나의 삼각형을 가져온 뒤 그것을 뒤집어서 옆에 두는 것이다.

이는 가우스의 계산식과 완전히 같다. 계산식만 보면 잘 와 닿지 않더라도 오른쪽 그림을 보면 탁월한 방식이라는 사실을 바로 알 수 있다.

이는 평행 사변형의 넓이를 구하는 것과 똑같다. 만약 평행 사변형이 낯설다면 형태를 조금 다듬어 직사각형으로 만들어도 된다(다음 페이지의 두 번째 그림). 가로=11, 세로=10이므로 전체 넓이는 11×10이다. 단, 실제로는 직사각형의 절반만 구하면 되므로

$$\frac{10 \times (10 + 1)}{2} = 55$$

'빈틈이 많아서 넓이를 인식하기 어렵다'라고 하는 의견도 있을 듯하니, ○를 □로 바꿔 채워 보자. 다음 페이지의 세 번째 그림처럼 깔끔한 직사각형이 되었다.

이처럼 도형으로 생각함으로써 '수열'의 의미를 직관적으로 이해할 수 있는 것이다.

뷔트너 선생님과의 이야기에는 후일담이 있다. 선생님은 가우스의 능력에 놀라 자신의 유능한 조수 바텔스를 과외 교사로 소개한다. 그리고 바텔스의 지인인 후작은 호의를 베풀어 대학 진학을 위한 가우스의 중등학교 수업료를 전액 제공했다. 가우스는 이후 뷔트너 선생님과의 일화를 떠올리는 것을 좋아했다고 한다.

## 같은 도형을 위아래로 뒤집어서 붙이기

① 같은 도형을
  하나 더
② 더한 도형을
  위아래로 뒤집기

평행 사변형이 됐어!

그리고 모양을 다듬어서
직사각형으로 바꾸는 거야.
그럼 11×10개가 되고,
실제로는 그 절반이니까…

$$\frac{10 \times (10 + 1)}{2}$$

○를 □로 바꾸면
'넓이'로 인식하기
쉬워진단다

청년 시절의
가우스

1+2+3+⋯⋯+9+10
10+9+8+⋯⋯+2+1
은 위의 직사각형을 나타내는 거였어.
'변형'을 잘 사용하면
수열에도 강해질 수 있지

# 학구산도 넓이로 생각하면 간단!

'면적산[1]'이라 불리는 계산법이 있다. 이는 학구산 같은 합산 문제를 면적, 즉 넓이로 바꿔 해결하는 방법이다. 시각화를 통해 한층 풀기 쉬워진다. '학구산은 옛날 수학'이라고 생각할지도 모르지만, 특목중학교 입학시험 문제나 공무원 시험의 수적 추리 문제에는 지금도 자주 출제된다. 우선 학구산을 잊은 독자들을 위해 아래 문제를 살펴보기로 한다.

> **문제** 학과 거북이 모두 합쳐 11마리 있고, 다리의 수는 총 30개라고 한다. 학과 거북은 각각 몇 마리일까?

중학생 이상이면 학=x, 거북=y로 놓고 다음과 같이 연립 방정식을 세워 x, y를 구할 수 있을 것이다.

$$\begin{cases} x + y = 11 \\ 2x + 4y = 30 \end{cases}$$ 즉, 학= 7마리, 거북= 4마리

하지만 학구산의 묘미는 연립 방정식을 사용하지 않는 '사고력'에 있다. 보통은 다음과 같이 '가정하고, 거기에 모순되는 것'으로부터 풀어나간다.

먼저 전부 학이라고 가정해 본다. 그러면 학은 11마리, 거북이는 0마리다. 학의 발은 11×2=22개가 되지만 실제로는 30개라고 하니 30-22=8개 부족하다. 이는 처음에 '전부 학'이라고 가정한 오류에서 비롯된다. 거북과 학의 다리 수의 차이는 4-2=2(개)이기 때문에, 8개 부족한 것은 거북의 다리(2개 많다)가 4마리분 적은 것이 원인이다(8÷2=4). 따라서 거북의 수는

---

1 한국에서는 잘 쓰이지 않는다.

4마리, 학은 11-4=7마리다.

이것이 전통적인 학구산의 사고·풀이식이다. 전부 학이라고 '가정'하고 그로 인해 '모순'이 발생하며 이를 바탕으로 '해결'하는 방법이다. 꽤 번거로운 과정이다.

이를 직사각형의 넓이에 적용해 보면 바로 의미를 파악할 수 있고 실수도 적어진다. 아래 문제를 풀며 한번 도전해 보자.

---

**문제**  원가 2만 원의 제품 A, 원가 5만 원의 제품 B가 있다. 전부 합해 77개를 만들었더니 원가 총액은 280만 원이었다고 한다. 제품 A와 제품 B는 각각 몇 개일까?

---

제품 A와 B의 원가는 알고 있지만 각각의 개수는 모르는 상황. 이때 다음 페이지의 그림과 같이 적당한 길이의 직사각형을 만들고 가로 방향에 제품의 총 개수(77개)를 적은 뒤 몇 개씩인지는 모르기 때문에 적당히 구분해 둔다. 세로 방향에는 제품 A와 제품 B의 원가를 적는다. 만약 '모두 제품 B'라면 77×5=385만 원의 원가가 됐겠지만, 실제로는 280만 원이었기 때문에

$$385만 원-280만 원=105만 원$$

105만 원은 그림의 붉은 직사각형 부분에 해당한다. 이는 제품 A와 제품 B의 원가 차이(3만 원)이며, '모두 제품 B'라고 생각한 오류에서 비롯된다. 따라서

$$105÷3=35$$

이것이 제품 A의 개수다. 따라서 제품 B의 개수는 77-35=42(개)가 된다. 그림을 보면서 계산하면 지금 무엇을 하고 있는지 알 수 있기에 계산 실수도 줄어든다.

# 넓이로 생각하면 학구산도 간단!

# 소금물의 농도도 면적산으로 구하기

면적산은 만능이다. 학구산뿐만 아니라 수학의 농도 문제도 면적산을 이용하면 놀라울 정도로 쉽게 풀린다. 이번에도 역시 하나의 '가정'을 하고 그것이 잘못되었다는 논법으로 접근한다.

> **문제** 농도 4%의 소금물과 8%의 소금물이 있다. 둘을 섞어서 농도 5%의 소금물을 600g 만들려 한다. 농도 4%의 소금물은 몇 g 필요할까?

다음 페이지의 위쪽 그림과 같이 세로 방향으로 농도(4%, 8%)를, 가로 방향에는 무게(600g)를 적는다.

4%, 8%의 각각의 무게는 알 수 없으므로 일단 적당한 위치에서 구분한다. 농도 5%의 소금물을 600g 만든다는 것은 소금의 양이 총 0.05×600g=30g이라는 것이다.

이때 '전부 농도 8%의 소금물'이라고 가정하면 소금의 양은 0.08×600g=48g이 되지만, 실제로는 30g이므로 48g-30g=18g 초과한다. 이는 '모두 8%의 소금물'이라는 가정이 틀렸다는 것이다.

한편 이 18g은 그림의 하늘색 부분에 해당한다. 농도로 말하자면 8%-4%=4%에 상당하는 부분이 많은 것이므로 18g÷0.04=450g. 이것이 농도 4% 소금물의 양이 된다.

따라서 농도 4%의 소금물은 450g이다.

# 면적산으로 소금물의 농도 알아보기!

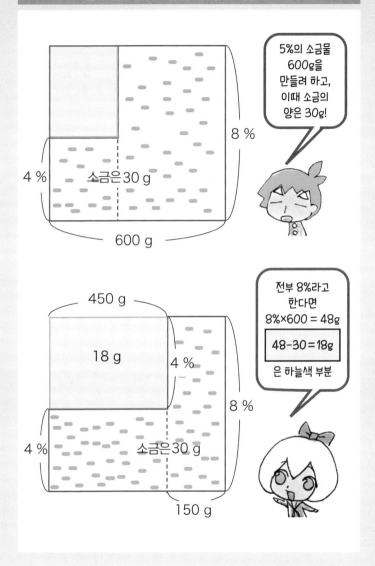

# 벌집과 디리클레 도형

벌집, 얼음 결정, 축구 골대의 그물도 육각형(예전에는 사각형)이다. 어째서 정사각형이나 원이 아닌 육각형인 걸까?

예를 들어 다음 페이지의 두 번째 칸에 있는 A′과 B′의 정렬을 비교해 보면 A′의 틈새가 눈에 띈다. 시험 삼아 A′의 원의 가운데 줄을 가로 방향으로 밀면 세 번째 칸의 왼쪽 그림과 같이 신기할 정도로 빈 공간이 커 보인다. 하지만 이를 위아래로 누르면 틈새가 줄어든다. 번갈아 육각형 모양으로 배열하는 것이 가장 효율적인 것이다.

이를 같은 힘으로 더욱 압축시키면 각각 수직 이등분선의 경계선을 그리는 형태로 틈새가 사라져 결국 원은 육각형이 된다(54쪽 참조).

틈새를 없앤다는 발상은 기업체의 지점 배치 면에서도 육각형이 효율적이라는 것을 말해 준다. 예를 들어 한 회사가 지점망을 정비할 때 '고객 응대는 해당 고객과 가장 가까운 지점에서 담당한다'라고 결정했다고 하면 지점의 구역은 원형이 아닌 육각형이 된다.

이처럼 '지점과 고객 간의 거리만으로 결정'함으로써 발생하는 구역의 분할도를 디리클레 도형이라 부른다. 간단히 말해 효율적인 점포망을 구축하려 한다면 벌집과 같은 정육각형이 적합하다는 생각이다.

단, 고객과의 실제 거리는 철도나 도로 등의 상황에 따라 달라지기 때문에 모든 사례에서 정육각형이 되는 것은 아니다. 그러나 적어도 자사의 점포망 배치를 재검토해 볼 가치는 있을 것이다.

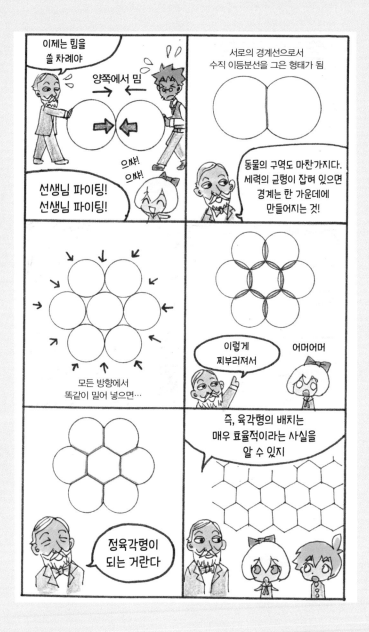

# 강한 삼각형, 약한 사각형

삼각형은 특수한 도형으로 세 변의 길이가 정해지면 모양이 무너지지 않는다. 사각형은 네 변의 길이가 정해져도 옆에서 힘을 줘서 밀면 금세 와르르 무너져 평행 사변형이 되어 버린다.

이 삼각형의 견고한 특성을 건축에 이용한 것이 '트러스'와 '브레이스'다.

트러스는 철도나 도로의 교량에 널리 사용되고 있으며 워런 트러스, 플랫 트러스, 하우 트러스 등의 종류가 존재한다. 예를 들어 도쿄 도내를 달리는 주오선 고이시카와바시도오리 가교(스이도바시역 근처의 다리)는 무려 1904년에 지어진 다리로 트러스 구조로 만들어져 지금도 튼튼하게 제 역할을 하고 있다.

브레이스는 기둥의 상부와 다른 기둥의 하부를 대각선으로 잇는 경사재를 말한다. 삼각형을 형성해 건조물을 보강하기 위해 사용한다. 가끔 TV에서 노후 된 건물의 해체 장면을 보면 작업자가 "브레이스가 들어 있지 않아!"라며 놀라는 장면이 나온다. 브레이스가 없으면 강풍 등 옆 방향의 거센 힘으로 인해 변형이 발생하고 건물을 지지하는 힘도 약해지기 때문이다.

브레이스를 설치함으로써 '약한 사각형'은 '강한 삼각형'이 되어 견고한 건물이 만들어진다. 세계 각국의 협력으로 연구가 진행되고 있는 우주 정거장에서도 트러스 구조를 발견할 수 있다.

삼각형은 역시 강하다.

# 견고한 트러스와 브레이스의 비밀은 삼각형에 있다!

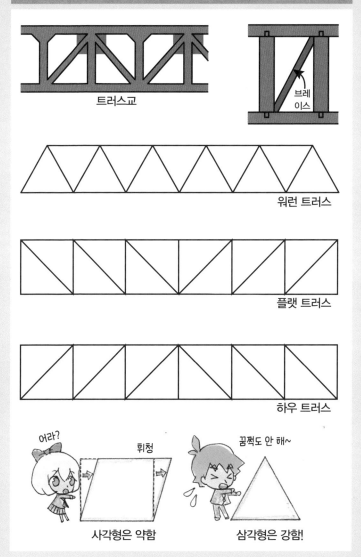

트러스교

브레이스

워런 트러스

플랫 트러스

하우 트러스

어라?

휘청

사각형은 약함

꿈쩍도 안 해~

삼각형은 강함!

# 1796년 3월 30일,
## 가우스의 진로를 결정한 사건

'3대 수학자'라고 하면 아르키메데스, 뉴턴, 가우스의 세 사람을 가리킨다. 그중 가장 마지막에 등장한 인물이 가우스다.

가우스(1777~1855년)는 일찍부터 천재성을 보여 세 살 때 아버지의 급여 계산 오류를 지적했다고 한다. 수학의 모든 분야에서 최고의 업적을 남기고 비(非)유클리드 기하학(188쪽 참조)에서도 선구적인 연구를 했다.

하지만 그런 천재 가우스에게도 젊은 시절 큰 고민이 있었다. 가우스 자신의 '진로'에 대한 것이었다. 가우스는 수학뿐만 아니라 다방면으로 능력이 넘쳐나 '수학이냐 언어학이냐, 그것이 문제로다'라며 마치 햄릿처럼 자신이 나아가야 할 길에 대해 고민하고 있었던 것이다.

궁극적으로 가우스가 수학의 길을 선택한 것은 인류에게 큰 행운이라고 할 수 있는데, 그 계기는 1796년 3월 30일에 갑자기 찾아왔다. 가우스가 18세였던 어느 날 '절대 불가능'으로 여겨지던 '정17각형의 작도법'을 발견해 낸 것이다. 기존에는 꼭짓점의 수가 소수인 정다각형의 자와 컴퍼스를 이용한 작도법은 정삼각형과 정오각형밖에 알려지지 않았다. 그러나 가우스에 의해 2,000년 만에 새로운 정다각형의 작도가 제시된 것이다. 가우스 스스로도 큰 기쁨을 느꼈고 이것이 수학의 길을 걷기로 결심한 계기가 되었다.

가우스는 이날부터 '가우스 일기'를 쓰기 시작했으며 사후 그의 일기 내용이 공개되자 그가 수많은 수학적 업적의 선구자였다는 사실을 모두가 알게 되었다.

# 제3장

# 원과 π의 신비에 도전

# 곡선으로 둘러싸인 토지의 넓이 구하기

나일강의 잦은 범람은 매번 측량을 다시 해야 하는 이집트인들에게 골칫거리였다. 하지만 한편으로는 지혜의 원천이 되기도 했다.

예를 들어 나일강의 흐름이 변화해 땅이 오른쪽 그림과 같이 곡선이 되었을 때도 있었을 것이다. 다각형이라면 삼각형으로 나눌 수 있지만 곡선 도형의 넓이는 어떻게 구할 수 있을까?

고대 이집트의 수학서 『린드 파피루스』에는 '원의 넓이를 정사각형에 근사한다'라는 아이디어가 쓰여 있는데(3-3참조) 여기서는 '곡선을 다각형으로 변환해 넓이를 산출'하는 '사다리꼴 근사' 방법을 소개한다.

우선 원래 도형인 A, B를 단순히 붙여 상쇄하더라도 $S \neq S_1 + S_2$임은 확실하다. 따라서 사다리꼴을 세로로 폭 h로 3등분하고 3개의 사다리꼴을 $S_1 \sim S_3$이라 하면

$$S \fallingdotseq S_1 + S_2 + S_3$$

이 된다. 많이 나눌수록 정확한 근사치를 얻을 수 있을 것이다.

실제 계산에서는 각 변의 길이를 측정해서 다음과 같은 식이 나온다.

$$S = S_1 + S_2 + S_3 = \frac{a+b}{2}h + \frac{b+c}{2}h + \frac{c+d}{2}h$$

$$= \frac{a+2b+2c+d}{2}h$$

복잡한 곡선에 둘러싸인 넓이도 3~5등분하면 상당히 정확한 근사치를 얻을 수 있다.

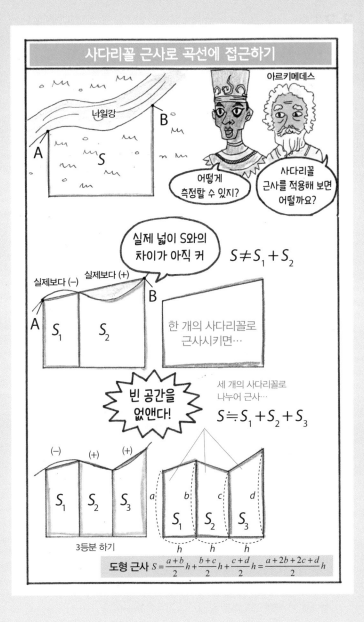

# 사다리꼴 근사로 곡선에 접근하기

$$S = \frac{a+b}{2}h + \frac{b+c}{2}h + \frac{c+d}{2}h = \frac{a+2b+2c+d}{2}h$$

## 정사각형으로부터 원의 넓이를 구한 고대 이집트 사람들

직선의 변을 가진 도형의 넓이는 접근법이 간단하다. 예를 들어 정사각형이나 직사각형은 '단위 1의 정사각형'을 기준으로 생각하면 되고 거기서부터 '가로×세로'로 접근하는 것이 자연스럽다. 삼각형도 직사각형의 절반이 된다는 것을 알 수 있다.

그러나 원처럼 곡선으로 둘러싸인 도형의 넓이는 상당히 까다롭다. 인류가 역사 속에서 어떻게 원의 넓이에 접근해 왔는지 고대 이집트인의 사례부터 알아보자.

-필자: "원의 넓이를 구하는 방법(구적)은 어떻게 알아낸 건가요?"

-람세스: "먼저 원이 정사각형 안에 쏙 들어가도록 넣어 봤지. 넓이는 당연히 '정사각형〉원'이고."

-필자: "그렇군요. 하지만 분홍색 부분이 남아 있는데요."

-람세스: "차근차근 설명해 주지. 다음으로 정사각형을 점점 더 작게 만들다 보면 '정사각형〈원'과 같이 역전된다. 그렇다면 어느 한 시점에서 정사각형=원이 되는 순간이 있는 셈이야."

-필자: "정말 그렇겠네요. 그게 언제인가요?"

-람세스: "정사각형의 한 변의 길이가 원의 지름의 $\frac{8}{9}$이 되는 순간! 어때, 딱 떨어지지?"

-필자: "우와, 굉장하네요! 그런데 '원의 지름의 $\frac{8}{9}$' 시점에서 둘의 넓이가 똑같아진다는 사실은 어떻게 아셨어요?"

-람세스: "그거야 한눈에 알 수 있지 않은가? 어디 이해가 안 가는 부분이라도?"

참고로 이 책에 등장하는 람세스는 가상의 인물이다.

# 『린드 파피루스』의 원의 넓이 문제에 도전

앞서 살펴본 바와 같이 고대 이집트인들은 '원의 넓이는 한 변이 원의 지름의 $\frac{8}{9}$인 정사각형의 넓이와 같다'라고 생각했다. 그들도 정확성에 대해서는 의문을 품었겠지만, 실용성과 편의성 면에서는 충분했을 것이다.

참고로 $\frac{8}{9}$은 고대 수학서 『린드 파피루스』에 나오는 값이다. 이야기가 나온 김에 『린드 파피루스』 중의 한 문제를 소개한다. 고대 이집트인이 되었다고 생각하고 '원의 넓이=한 변이 $\frac{8}{9}$인 정사각형의 넓이'를 적용해 풀어 보자.

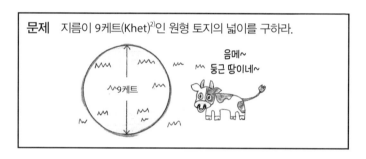

**문제** 지름이 9케트(Khet)[2]인 원형 토지의 넓이를 구하라.

음메~
둥근 땅이네~

^^9케트

이집트식으로 풀기 전에 현대식으로 원의 넓이를 생각하면 지름이 9케트이고 반지름이 4.5케트이므로

$$\pi r^2 = (3.14) \times (4.5) \times (4.5) = 63.585$$

가 된다. 단위는 (케트)$^2$=세차트(Setjat)다.

이번에는 이집트식 풀이법에 도전해 보자. 『린드 파피루스』에서는 다음과 같이 제시하고 있다.

(1) 원의 지름에서 $\frac{1}{9}$을 뺀다 — $\frac{8}{9}$을 만들기 위해

(2) 이를 제곱한다 — 정사각형의 넓이와 동일하므로

---

2 고대 이집트의 길이 단위

(1)과 (2)를 진행하면,

(1) $9 - 9 \times \dfrac{1}{9} = 9 - 1 = 8$(케트)

(2) $(8)^2 = 64$(세차트)

앞서 63.585와 비교해도 불과 0.415밖에 차이 나지 않아, 오차는 0.65%에 그친다.

한편 이 『린드 파피루스』의 방법은 어디까지나 '정사각형의 넓이(한 변이 지름의 $\dfrac{8}{9}$)'로부터 원의 넓이를 계산하는 방법이었다. '원주와 지름의 비(원주율)'와 같은 복잡한 것들을 생각하지 않아도 됐다. 그러나 고대 이집트에서 사용하던 원주율을 π와 구별하기 위해 P라고 하면

$$Pr^2 = P \times (4.5) \times (4.5) = 64$$

로 나타낼 수 있어, 고대 이집트에서의 '원주율 실효치'를 알 수 있다. 이를 계산하면

$$P = 3.1604938\cdots\cdots$$

이다. π=3.141592⋯와 큰 차이가 없는 값이다.

참고로 1케트는 약 52m로 여겨진다. 지름이 9케트인 원의 넓이는 약 171,934m². 

즉, 약 52,010평*의 토지가 된다. 또한 1케트=100큐빗으로 추측되므로 1큐빗=약 52cm이다.

1큐빗

큐빗이라는 단위는 '왕의 팔꿈치에서 손가락 끝까지의 길이'라고 전해진다. 직접 팔로 1큐빗을 재보면 52cm가 의외로 길다는 것을 알 수 있다.

※1m²는 0.3025평

# 아르키메데스의 실진법을 통한 원주율 접근

이집트 다음으로는 그리스다. 천재 아르키메데스는 기원전 287년 로마 령인 시칠리아섬 시라쿠사에서 태어났으며 기원전 212년 한니발이 이끄는 카르타고와 로마의 제2차 포에니 전쟁에서 로마군의 공격을 받아 사망했 다. 로마군이 성안에 들어와도 기하 문제를 생각하다 적군 병사에게 "땅에 그린 도형을 밟지 마!"라고 외쳐 죽임을 당했다는 일화도 남아 있다.

아르키메데스에 의한 원의 연구, 특히 π를 구하는 방법을 알아보자. 그는 먼저 원에 내접하는 정육각형과 외접하는 정육각형을 만들었다. 원주에 내접·외접하는 정육각형을 만듦으로써 원주는

내접하는 정육각형 < 원주 < 외접하는 정육각형

으로 좁혀진다.

따라서 내접하는 정육각형의 중점을 가지고

정6각형 → 정12각형 → 정24각형 → …… → 정96각형

까지 작성한 뒤 그 길이를 계산해 본 것이다. 이에 따라

$$3 + \frac{10}{71} < \ 원주\ < 3 + \frac{1}{7}$$

소수로 바꾸면

3.1408450…… < 원주 < 3.14285714……

가 되어 원주율=3.14…임을 알 수 있다. 이 방법은 중세까지 원주율에 접근 할 수 있는 유일한 방법이었다.

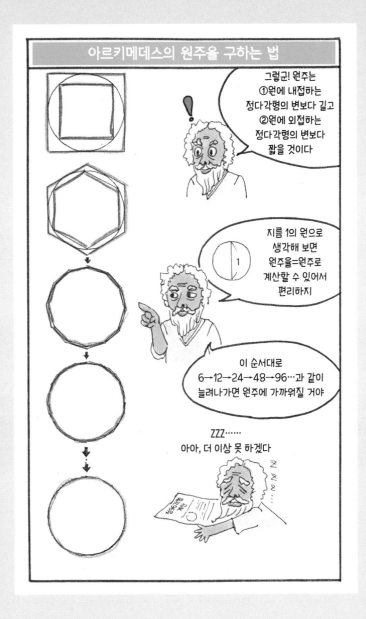

# 직감으로 파악하는 '원의 넓이'

초등학생 아이가 '원의 넓이가 왜 $\pi r^2$인지' 직감적으로 이해할 방법은 없을까?

72쪽의 방법이라면 가능하다. 먼저 원을 그림①과 같이 나누고 ②와 같이 번갈아 정렬해 평행 사변형에 가까운 모양을 만든다. 이어서 ③과 같이 나누고 ④와 같이 다시 정렬, 또 한 번 더 나누어 정렬한다. 이를 여러 차례 반복하면 결국에는 ⑤와 같이 '직사각형'이 된다.

가로는 원둘레를 다시 정렬한 것(번갈아서= $\dfrac{1}{2}$), 원주는 '지름×원주율 ($\pi$)'이므로 결국

$$가로=(지름 \times \pi \times \frac{1}{2})=반지름 \times \pi$$
$$세로 \cdots\cdots 반지름$$

따라서 이 직사각형의 넓이는

$$가로 \times 세로=(반지름) \times (반지름 \times \pi)=\pi r^2$$

이 된다. 만약 반지름이 1이라면 이 직사각형 가로의 길이는 $\pi$와 같아진다. 따라서 대강이라도 좋으니 두꺼운 종이로 원을 만들고 16등분 정도로 자른 뒤 가로의 길이를 측정해 보면 나름대로 원주율을 직접 산출한 셈이 되는 것이다.

참고로 73쪽과 같이 부채꼴을 삼각형으로 변환하는 것도 가능하다. 이 밑변이 $2\pi r$(전체 원주)일 때는

$$부채꼴의 넓이=밑변 \times 높이 \div 2=2\pi r \times r \div 2=\pi r^2$$

이 된다. 즉, 원의 넓이가 되는 것이다.

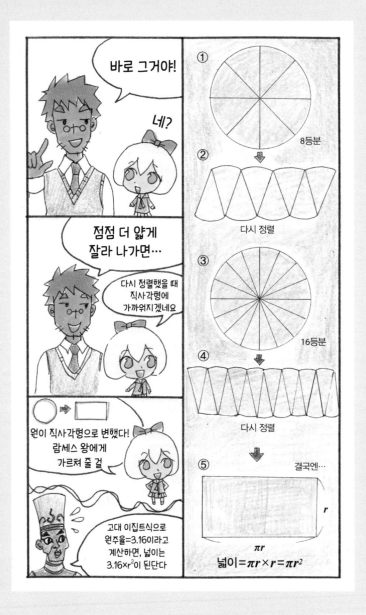

# 무게로부터 원주율 구하기

예로부터 수많은 수학자가 원주율 산출에 도전했다. 아르키메데스의 실진법과 같이 복잡한 계산(멱급수 전개 등)을 이용하는 것도 있다.

한편 그중에는 '무게로 원주율을 구하는' 참신한 방법도 있다. 실제로 골판지 등의 두꺼운 종이를 준비해 자르고 무게를 측정하기 때문에 누구나 손쉽게 π의 값을 구할 수 있다. 골판지는 문구점에서 1,000원 정도면 살 수 있다. 골판지에 다음과 같은 두 개의 그림을 그리고 잘라내 보자.

①정사각형 (한 변 35cm)
②원(반지름 17.5cm, 즉 지름 35cm)

②의 원은 ①의 정사각형에 내접하는 원이다. 골판지에서 잘라낸 정사각형과 원은 너무 작으면 무게에 오차가 생기기 쉬워서 π값에 큰 편차가 발생할 수 있다.

정사각형과 원의 넓이를 비교하면

정사각형 : 원=2×2 : 1×1×π=4 : π

이다. 두께는 같기에 부피 비도 '정사각형 : 원=4 : π'가 되고 무게도 이 비율이 될 것이다.

이어서 각각을 ag, bg이라고 하자. 실제로 계량해 보면 다음 페이지와 같이 정사각형은 60g, 원은 46g으로 나타난다. 그렇다면 위의 비율로부터

$$\pi = \frac{4b}{a} = \frac{4 \times 46}{60} = 3.066666\cdots\cdots$$

을 산출할 수 있는 것이다. 3.14까지 정확하게는 성공하지 못했지만 '무게로 π를 구하는' 아이디어는 흥미롭다.

## 무게로 원주을 구하기

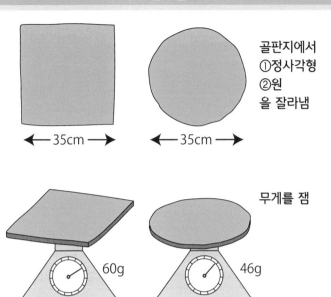

골판지에서
①정사각형
②원
을 잘라냄

← 35cm →   ← 35cm →

무게를 잼

60g        46g

 무게는 부피에 비례

→

넓이에 비례 (두께가 같으므로)

$$\frac{\text{원의 넓이}}{\text{정사각형의 넓이}} = \frac{\pi r^2}{(2r)^2} = \frac{\pi}{4}$$ ← 46g 에 대응
← 60g 에 대응

$$\therefore \quad \pi = \frac{4 \times 46}{60} = 3.0666 \cdots$$

# 이쑤시개로 원주율을 구하는 뷔퐁의 바늘

골판지로 π를 구하는 방법도 상당히 독특했지만, 우연히, 즉 확률을 통해 π의 값을 구하는 방법도 있다. 이 또한 실제로 시도해 보면 도출된 π값에 놀라게 된다.

준비물은 다음과 같다.

①A3 복사 용지(큰 모조지라면 더 좋다)
②이쑤시개 10개(길이를 재둔다)

사실은 '이쑤시개 100개'면 더 좋겠지만, 준비하기도 힘들고 세는 것도 번거롭기에 10개의 이쑤시개를 10번 사용하기로 한다. 이 이쑤시개가 '뷔퐁의 바늘'이다.

먼저 준비한 종이에 15cm 간격으로 평행선을 긋는다(이쑤시개보다 길게). 평행선을 다 그리고 나면 같은 종이 위에 차례차례 무작위로 이쑤시개를 던진다.

만약 종이 밖으로 나가버린 이쑤시개가 있다면 다시 종이 위에 던진다. 모두 던졌다면 평행선에 걸친 이쑤시개의 수를 메모해 두고 한 번 더 던진다. 이를 10회 반복해서 총 100개의 데이터를 얻는다.

이때 평행선의 간격=a, 이쑤시개의 길이=k라고 하면 이쑤시개가 평행선에 걸칠 확률 P는

$$P = \frac{2k}{\pi a} \quad \text{따라서} \quad \pi = \frac{2k}{Pa}$$

임을 알 수 있다. 평행선의 간격을 정하고 이쑤시개의 길이를 재서 약 100개의 데이터를 얻으면 π값을 예측할 수 있는 것이다.

뷔퐁의 바늘과 원주율

나는 18세기의 수학자 겸 식물학자, 뷔퐁!

나 미키 노리헤이는 '시골 역장 겸 심부름꾼'입니다만

몬테카를로법이라는 방식으로 '우연히 π를 구하는 방법'을 생각해냈지

평행선을 일정 간격으로 긋고 바늘을 아무렇게나 던지기만 해도 'π'의 값이 나오다니, 굉장하지 않은가?

규칙은 두 가지뿐! ①선과 선의 간격이 바늘보다 길 것 ②종이에 박히거나 종이 밖으로 나가면 다시 던질 것

선과 선의 간격=a 바늘의 길이=k일 때, 선에 걸칠 확률 P는

$$P = \frac{2k}{\pi a} \quad 따라서 \quad \pi = \frac{2k}{Pa}$$

a = 12cm, k=6cm, 1,000회 던져 320회 맞았다면 π =3.125로군

증명은 거기서 졸고 있는 선생님한테 맡기겠네

Bye!

쿨쿨… 돈가스 덮밥 먹고 싶어…

선생님, 뷔퐁의 증명을 가르쳐 주세요!

# 원주율이 3.1보다 크다는 사실을 증명하려면?

'문제의 문장이 길수록 난해하다'라고 생각하는 사람들이 있는데 오히려 그 반대의 경우가 많다. 문장이 길면 그 안에서 '힌트나 실마리'를 찾기 쉽지만 짧으면 그만큼 힌트도 적기 때문이다. 이번에 소개하는 문제는 겨우 한 줄이다.

> **문제** 원주율이 3.1보다 크다는 사실을 증명하시오.

실마리를 찾지 못하면 난해한 문제다. 하지만 이미 아르키메데스의 실진법으로 원주율 π에 접근하는 방법을 배웠으니 '정육각형→정십이각형…' 등으로 생각하면 답은 얻을 수 있을 것이다. 전략을 세울 수 있다면 나머지는 간단하다.

개념은 다음 페이지의 만화에 잘 나와 있으므로 바로 계산에 들어가보자.

우선 원은 지름 1로 해 둔다. 지름 1의 원주를 계산하면 3.14…가 되니 원주율과 같아져 값을 얻기 편하기 때문이다.

한편 만화의 마지막 칸에 '30°의 각도를 가진 이등변 삼각형의 한 변 a를 구하고 그것을 12배 하면 된다'라고 나와 있다. 그다음에는 삼각 함수 등도 사용하므로 삼각 함수가 서투른 사람은 '이렇게 삼각 함수 정리를 사용하면 되는 거구나'라고 이해하면 충분하다.

정십이각형의 한 변을 밑변으로 하고 중심을 꼭짓점으로 하는 이등변 삼각형의 경우 꼭지각이 30°가 된다. 삼각형의 내각의 합은 180°이므로 나머지 2각은 150°. 즉, 각각 75°다.

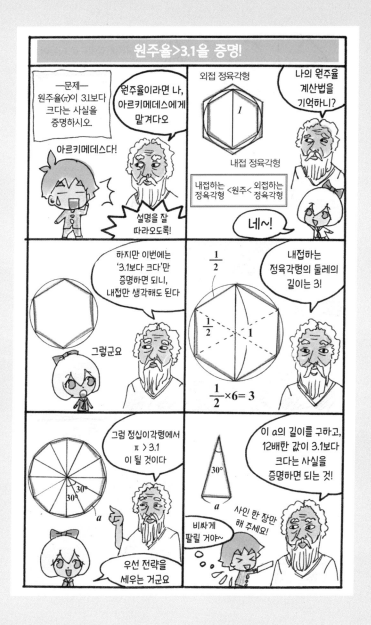

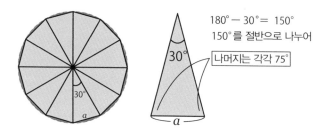

180° − 30° = 150°

150°를 절반으로 나누어

나머지는 각각 75°

이등변 삼각형의 두 변은 모두 '반지름'이므로 그 길이는 $\frac{1}{2}$이다. 이렇게 해서 세 각의 크기, 두 변의 길이를 알 수 있었다.

한편 여기서 다음과 같이 생각하는 사람도 있을 것이다.

'우선 a를 구하고 12배 한 12a는 원주의 길이가 되지. 이것이 3.1을 넘으면 되는 것 아닌가?'

그런데 이 방법의 경우 먼저 ①아래 삼각형으로 나타낸 사인 정리를 사용해 a를 구하고 다음으로 ②이 계산 과정에서 sin의 덧셈 정리를 사용해

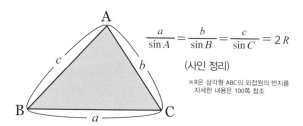

$$\frac{a}{\sin A} = \frac{b}{\sin B} = \frac{c}{\sin C} = 2R$$

(사인 정리)

※R은 삼각형 ABC의 외접원의 반지름
자세한 내용은 100쪽 참조

$\sin 75° = \sin(45° + 30°) = \sin 45° \cos 30° + \cos 45° \sin 30°$를 구해야 하는데 이는 좋은 계산법이 아니다.

다음 페이지의 그림을 보도록 하자.

이등변 삼각형 ·→ 직각 삼각형

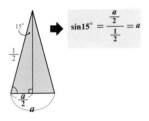

으로 바꾸는 개념을 깨달으면 사인 정리를 건너뛰고 덧셈 정리만으로 답을 도출할 수 있다.

$$\sin 15° = \sin(45° - 30°) = \sin 45° \cos 30° - \cos 45° \sin 30°$$

이것이 a가 되는 것이고 계산 과정도 줄어든다.

$$a = \sin 45° \cos 30° - \cos 45° \sin 30° = 0.258819\cdots\cdots \quad ①$$

①을 12배 하면 원주가 되므로

$$원주(원주율)=12 \times ①=3.1058285\cdots\cdots > 3.1$$

이로써 '원주율 π는 3.1보다 크다'라는 것을 증명할 수 있었다.

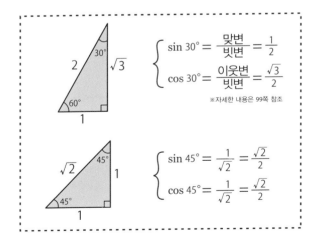

## 3-9

### 내주와 외주에는 어느 정도 차이가 있을까?

'원'이라고 하면 π나 넓이에 주목하기 쉽지만, '원주'에도 의외의 재미와 허점이 있다. 참고로 원주는 반지름 r인 원의 경우 2πr이다.

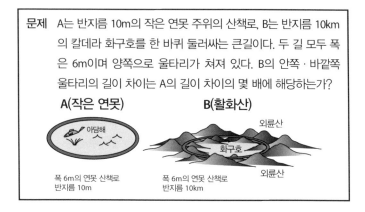

**문제** A는 반지름 10m의 작은 연못 주위의 산책로, B는 반지름 10km 의 칼데라 화구호를 한 바퀴 둘러싸는 큰길이다. 두 길 모두 폭 은 6m이며 양쪽으로 울타리가 쳐져 있다. B의 안쪽 · 바깥쪽 울타리의 길이 차이는 A의 길이 차이의 몇 배에 해당하는가?

**A(작은 연못)**

아담해

폭 6m의 연못 산책로
반지름 10m

**B(활화산)**

외륜산

화구호

외륜산

폭 6m의 연못 산책로
반지름 10km

반지름 10m의 연못 산책로의 경우 안쪽과 바깥쪽의 울타리 길이에 큰 차이가 없겠지만, 반지름 10km의 경우에는 그 차이가 상당할 것 같다. 하지 만 실제로 계산해 보면

$$(2 \times 16[m] \times \pi) - (2 \times 10[m] \times \pi) = 12\pi[m] = 37.68[m]$$
$$(2 \times 10.006[km] \times \pi) - (2 \times 10[km] \times \pi) = 0.012\pi[km]$$
$$= 12\pi[m] = 37.68[m]$$

와 같이 의외로 차이가 없다. 이는 다음과 같이 반지름의 크기가 아닌 길의 폭(h)만으로 차이가 결정되기 때문이다.

$$2\pi(r + h) - 2\pi r = 2\pi h$$

# 대발견을 이끈 케플러의 실진법

기존의 상식을 180도 뒤집는 혁명적 개념을 '코페르니쿠스적 전환'이라고 부른다. 예로부터 당연시되던 프톨레마이오스의 천동설을 부정하고 지동설을 주장한 인물이 코페르니쿠스(1473~1543년)였기 때문에 그렇게 불리게 된 것이다.

한편 코페르니쿠스가 항상 혁신적인 사고를 한 것은 아닌 모양이다. 예를 들어 '완전한 것은 원'이라는 고정관념에서 벗어나지 못하고 화성 궤도도 원 궤도라고 굳게 믿고 있었다. 이 부분에 있어서는 끝까지 코페르니쿠스적으로 전환하지 못한 것이다.

화성 궤도를 '원 궤도가 아닌 타원 궤도'라고 주장한 것은 독일의 천문학자 케플러(1571~1630년)였다. 케플러도 처음에는 코페르니쿠스와 마찬가지로 '화성은 원 궤도'라고 생각했지만, 그의 스승 튀코 브라헤(1546~1601년)가 남긴 방대한 화성 관측 데이터를 보고 타원 궤도 쪽으로 견해가 바뀌었다고 알려진다.

타원이라고는 해도 이심률은 지구가 0.0167, 금성도 0.068에 불과해, 이심률이 0인 원에 거의 가깝다고 할 수 있다. 그런데 화성은 이심률이 0.0934나 된 것이다.

케플러는 방대한 계산 끝에 '행성이 일정 기간 궤도 내에서 그리는 면적, 즉 면적 속도는 같다'는 케플러의 제2 법칙을 발견한다. 그리고 이 실진법(구분구적법)을 발전시켜 미적분의 문을 연 인물이 훗날의 뉴턴이다.

## 편지에 일부러 틀린 정리를 적었던
## 아르키메데스

아르키메데스(기원전 287~기원전 212년)는 현재 이탈리아인 시칠리아 섬 시라쿠사에서 태어났다. 당시 학문의 중심지였던 이집트 알렉산드리아로 유학을 갔다가 다시 시라쿠사로 돌아와 생을 마감했다. 당시의 시라쿠사는 로마 대 카르타고의 제2차 포에니 전쟁에 휘말렸고 아르키메데스는 수많은 군사 무기를 만들어 시라쿠사를 위해 싸웠다고 한다.

물론 무기뿐만 아니라 수학적 발견에도 엄청난 노력을 쏟고 있었다. 그는 알렉산드리아 시절의 지인들에게 '증명 없는 결론'만을 편지로 보내 상대방이 스스로 풀어 보기를 기대하곤 했다.

그러나 그런 지인 중에는 아르키메데스의 편지를 이용해 '내가 직접 새로운 정리를 발견했다!'라며 떠벌리고 다니는 사람들도 있었던 것 같다.

이에 아르키메데스는 에라토스테네스(지구의 크기를 측정한 것으로 알려짐)에게 보낸 편지에서 다음과 같이 말했다.

"이전에 보내드린 정리를 하나씩 되짚어 보려 합니다. 일부러 잘못된 정리를 2개 포함했기 때문입니다. 스스로 단 하나도 증명하지 못했으면서 '내가 직접 발견했다'라고 거짓 주장하는 사람들에게 불가능한 것을 발견했다고 논박하기 위함입니다."

2,000년 전이나 지금이나 남의 공적을 내 것으로 삼으려는 사람들은 어디에나 있는 모양이다.

# 제4장

# 피타고라스의 정리와
# 삼각비의 지혜

# 4-1

## 피타고라스의 정리는 기하학의 보배

'기하학에서 가장 유명한 정리는?'이라고 묻는다면 대부분 피타고라스의 정리를 떠올릴 것이다. 예전에는 삼평방의 정리라고도 불렀다.

'평방'이란 정사각형을 말하며 '3개의 정사각형 사이에서 성립하는 정리'라는 뜻이다. 구체적으로는 직각 삼각형의 세 변 a, b, c(c가 빗변)에서

$$a^2+b^2=c^2$$

이 성립한다는 사실을 나타낸다. 가장 간단한 것은 직각 이등변 삼각형으로 오른쪽 그림과 같이 타일의 수를 세면 성립한다는 것을 알 수 있다.

직각 이등변 삼각형으로만 성립하면 안 되므로 다른 직각 삼각형도 성립하는지 알아보자. 엄밀한 증명은 이후 관련 문제를 소개하기로 하고 여기서는 우선 직관적으로 이해하기에 집중한다.

다음 페이지의 왼쪽 아래 그림에서 ①~⑤를 보자. 이는 직각 삼각형의 두 변을 바탕으로 한 정사각형을 다섯 개로 나눈 것으로 만약 빗변을 바탕으로 한 가장 큰 정사각형에 조각이 완벽히 끼워지면 피타고라스의 정리가 맞음을 알 수 있다.

몇 차례 시행착오를 겪으면 마치 퍼즐을 푸는 것처럼 깔끔하게 끼워서 맞출 수 있다. 여기서는 회전 이동이 필요 없고 단순한 평행 이동만으로 풀 수 있으므로 오른쪽의 답을 보지 않고 꼭 직접 도전해 보길 권한다. 왼쪽 아래 그림을 확대 복사하고 ①~⑤를 오려 내어 맞춰 보면 금방 알 수 있다.

## 피타고라스 정리의 발견

$$4 + 4 = 8$$

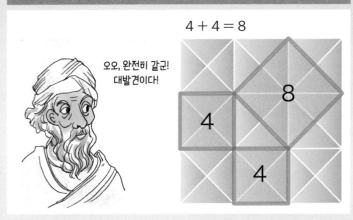

오오, 완전히 같군!
대발견이다!

4

8

4

## 모든 직각 삼각형에 성립

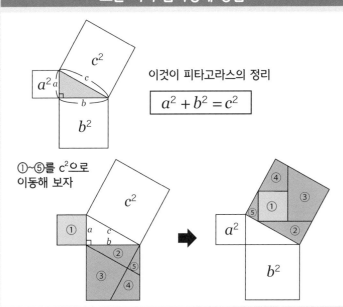

$c^2$

$a^2$ $a$ $c$

$b$

$b^2$

이것이 피타고라스의 정리

$$a^2 + b^2 = c^2$$

①~⑤를 $c^2$으로
이동해 보자

$c^2$

① $a$ $c$ $b$

② ③ ④ ⑤

➡

④ ③ ① ⑤ ②

$a^2$

$b^2$

## 4-2

# 기하의 세계에서 탄생한 '무리수'

　수학을 크게 '기하'와 '대수'로 나누면 기하에서는 도형을 다루고 대수에서는 방정식 등의 수 계산을 전문적으로 다룬다. 따라서 0의 발견, 음수 등은 대수의 세계에는 존재해도 기하의 세계와는 아무런 관련이 없다.

　그러나 '무리수' 같은 상식을 깨는 수가 실제로는 기하의 세계에서 처음 발견되었다. 자연수(1, 2, 3… 등 양수의 정수), 정수(양수뿐만 아니라 음수나 0), 분수나 소수가 '유리수'인데, 이 유리수가 아닌 수가 '무리수'다.

　간단히 말해서 무리수란 '분모와 분자가 정수인 분수로 나타낼 수 없는 수'를 말하며 '규칙성이 없고 무한히 이어지는 수'다. 단, 0.33333… 이나 0.142857142857…과 같은 순환 소수는 $\frac{1}{3}$이나 $\frac{1}{7}$과 같이 분수로 표현되는 수이므로 무한히 이어지는 소수이기는 하지만 유리수라고 부를 수 있다.

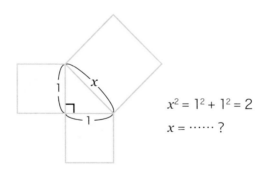

$$x^2 = 1^2 + 1^2 = 2$$
$$x = \cdots\cdots ?$$

한편 '무리수의 발견은 피타고라스학파에 의한 것'으로 알려져 있다. 앞 페이지의 그림과 같이 직각 이등변 삼각형이 있을 때 빗변 x는

$$x^2 = 1^2 + 1^2 = 2$$

가 된다. 이때 x는 1.41421356… 으로 어디까지나 불규칙하게 무한히 이어지는 수가 되는 것이다.

이 x라는 수치는 '분수로는 표현할 수 없는 수'라는 사실이 증명되었기에 원래대로라면 '세기의 대발견'이지만 피타고라스학파에게는 곤란한 일이었다.

그들은 '선분은 유한개의 점(극소의 점)으로 이루어져 있다'라고 생각했기 때문에 '어디까지나 무한히 이어지는 수'의 존재를 인정해 버리면 선분 자체의 개념을 뿌리부터 흔드는 것이 되기 때문이다.

따라서 피타고라스학파에서는 대발견임에도 불구하고 이 사실을 숨겼다고 한다. 그 진위는 어찌 됐든 직각 이등변 삼각형과 같은 지극히 친숙한 기하 속에 '무리수'가 존재한다는 것이 놀라울 따름이다.

선분은 유한개의 점으로 이루어져 있을 줄 알았는데… 큰일이군. 다른 사람들에게는 알리지 말자

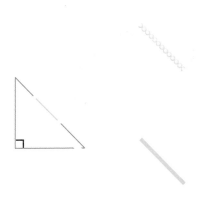

# '밧줄 측량사'의 정리?

'이집트는 나일강의 선물'이라는 말이 있듯이 나일강의 상류에서 내려오는 비옥한 토양이 농업을 발전시키고, 나일강의 거듭된 범람은 이집트에 천문학과 기하학의 발전도 가져다줬다.

기하학의 발전에 대해 예를 들면 나일강이 범람했을 때 토지 측량을 다시 해야 하는데, 이때 활약한 사람들이 '밧줄 측량사'다.

밧줄 측량사는 일정 간격으로 매듭지은 밧줄로 측량했는데, 그들은 이미 '삼각형의 세 변의 비가 3:4:5인 경우 직각 삼각형이 된다'라는 사실을 알고 있었다.

이 '3:4:5'를 아는 것이 토지 측량에는 매우 편리했다. 왜냐하면 삼각형 토지의 넓이를 구할 때 정확한 직각을 만들어야 정확한 높이가 되는 선도 그을 수 있는데 '3:4:5'의 비율만 알면 직각을 만들 수 있기 때문이다.

이처럼 메소포타미아나 이집트의 밧줄 측량사들이 '3:4:5'를 이미 알고 있었음에도 수학사에 이름을 남긴 것은 후세의 피타고라스학파였다. 이는 '모든 직각 삼각형의 세 변 a, b, c에서, $a^2+b^2=c^2$'는 직각 삼각형이 된다'라는 사실을 처음으로 밝혀냈기 때문이다.

만약 밧줄 측량사가 '3:4:5'에서 $3^2+4^2=5^2$을 깨닫고 나아가 '일반적으로 $a^2+b^2=c^2$이 성립한다'라는 것까지 밝혀냈다면 오늘날 우리는 피타고라스의 정리가 아닌 '밧줄 측량사의 정리'라고 불렀을지도 모르겠다.

# 피타고라스의 정리 증명하기

피타고라스의 정리(삼평방의 정리)를 실용적으로 사용한 것은 밧줄 측량사뿐만이 아니다. 메소포타미아에서도, 중국에서도, 그리고 인도에서도 '3:4:5'를 비롯한 많은 직각 삼각형이 알려져 있었다.

이 장의 서두에서 퍼즐을 푸는 형태로 피타고라스의 정리를 소개했는데 여기서는 좀 더 제대로 된 증명을 알아보자.

다음 페이지 위의 그림은 같은 직각 삼각형 4개를 조합한 것이다. 가운데에 생긴 정사각형은 한 변이 c이므로 넓이는 당연히 $c^2$이다. 참고로 이 넓이 $c^2$은 전체 정사각형(한 변 a+b)에서 직각 삼각형 4개의 넓이를 뺀 것이다. 따라서 다음과 같은 식이 나온다.

$$c^2 = \left(a+b\right)^2 - \frac{1}{2}ab \times 4 = \left(a+b\right)^2 - 2ab \cdots\cdots ①$$

선 구분만 바꾼 그 아래의 정사각형 역시 한 변 a+b의 정사각형이다. 여기에는 $a^2$과 $b^2$이 들어 있다. $a^2+b^2$을 계산하면

$$a^2 + b^2 = \left(a+b\right)^2 - 2ab \cdots\cdots ②$$

가 되고 ①=②이기 때문에

$$a^2 + b^2 = c^2$$

과 같이 피타고라스의 정리를 증명할 수 있다.

한편 수식을 사용하지 않고 그림을 잘라 붙여 이동하는 것만으로도 나타낼 수 있다. 96쪽을 참고해 보자.

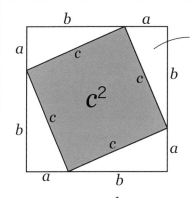

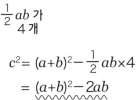

$-\dfrac{1}{2}ab$ 가 4개

$$c^2 = (a+b)^2 - \dfrac{1}{2}ab \times 4$$
$$= (a+b)^2 - 2ab$$

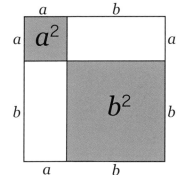

$$a^2 + b^2$$
$$= (a+b)^2 - 2ab$$

따라서, $a^2 + b^2 = c^2$

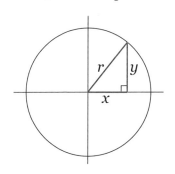

'원의 방정식'도 피타고라스의 정리로 구할 수 있다.

$$x^2 + y^2 = r^2$$

$r=1$ 의 단위원일 때

$$x^2 + y^2 = 1$$

## 앞 페이지 피타고라스의 정리의 증명을 색종이로 도전해 보자

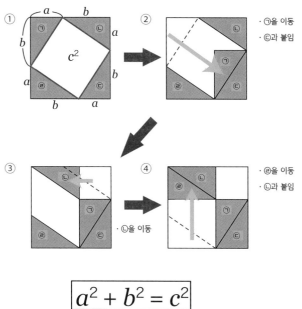

① $a$ ㉠ $b$ ㉡ $a$ $c^2$ $b$ $a$ ㉣ $b$ ㉢ $a$

② · ㉠을 이동
· ㉢과 붙임

③ · ㉡을 이동

④ · ㉣을 이동
· ㉡과 붙임

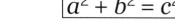

$$a^2 + b^2 = c^2$$

① $c^2$ = ④ $a^2$ $b^2$

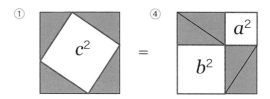

· 전체는 $(a+b)^2$의 큰 정사각형 그대로
· ㉠, ㉡, ㉢, ㉣만 옮겼을 뿐인데
  결과적으로 $a^2+b^2$이 남음

# sin, cos, tan의 위치 관계 기억하기

앞서 피타고라스의 정리를 사용해 삼각형 세 변의 관계를 살펴봤는데 '변과 각도'의 관계를 알고 있으면 편리하다. 예를 들어 직각 이등변 삼각형의 경우 두 각은 각각 $45°$이고 변의 비는

$$1 : 1 : \sqrt{2}$$

였다. 따라서 81쪽과 마찬가지로 각도 $\theta$와 빗변, 맞변, 이웃변의 관계를 다음과 같이 정하면 어떨까? 다음 페이지의 그림과 같이 s(sin), c(cos), t(tan)와 변을 대응시키면 그 관계도 기억하기 쉬워진다.

$$\sin\theta = \frac{\text{맞변}}{\text{빗변}} \qquad \cos\theta = \frac{\text{이웃변}}{\text{빗변}} \qquad \tan\theta = \frac{\text{맞변}}{\text{이웃변}}$$

이로써 sin, cos, tan의 세 값을 모두 알지 못해도, 예를 들어 $\tan\theta$의 값만 알면 '이웃변과 맞변의 비'를 알 수 있기에 나머지 빗변과의 비도 계산할 수 있다. 실제로 두 변의 길이를 알면 세 변의 길이를 모두 알 수 있어서 무척 편리하다.

또한 sin과 cos은 가장 긴 빗변이 분모가 되므로

$$\sin\theta \leqq 1$$
$$\cos\theta \leqq 1$$

이 된다. $\tan\theta$는 얼마든지 커지거나 작아질 수 있다. 물론 다른 각도 마찬가지로 sin, cos, tan의 값을 알아낼 수 있다.

## sin, cos, tan 기억하는 법

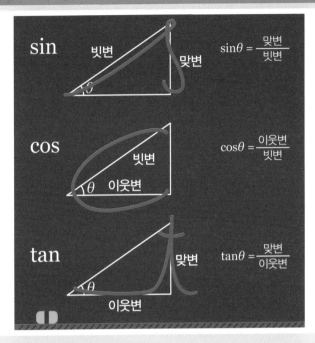

$$\sin\theta = \frac{맞변}{빗변}$$

$$\cos\theta = \frac{이웃변}{빗변}$$

$$\tan\theta = \frac{맞변}{이웃변}$$

## 단위원과 sin, cos

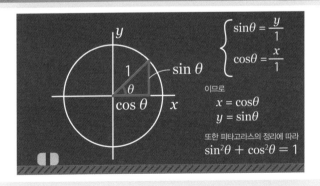

$$\begin{cases} \sin\theta = \dfrac{y}{1} \\ \cos\theta = \dfrac{x}{1} \end{cases}$$

이므로
$$x = \cos\theta$$
$$y = \sin\theta$$

또한 피타고라스의 정리에 따라
$$\sin^2\theta + \cos^2\theta = 1$$

# 알아두면 편리한 사인 정리 · 코사인 정리

'모든 삼각형이 직각 삼각형인 건 아닌데 평범한 삼각형에도 적용할 수 있는 법칙이나 정리는 없을까?'라는 의문이 들 수 있다. 그러한 의문을 해소하기 위해 사인 정리와 코사인 정리를 소개한다. 앞서 등장한 'sin, cos, tan'를 활용한 아주 편리한 정리다.

그림과 같은 삼각형이 있을 때 각 A, B, C와 그 맞변 a, b, c의 사이에는 다음과 같은 관계가 있다.

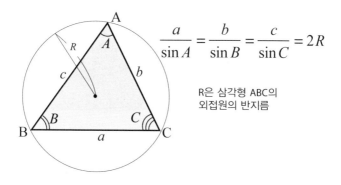

$$\frac{a}{\sin A} = \frac{b}{\sin B} = \frac{c}{\sin C} = 2R$$

R은 삼각형 ABC의
외접원의 반지름

일찍이 sin은 정현(正弦)이라고도 불려 '정현 정리'라는 명칭을 사용했었다. 현재는 '사인 정리'라고 하며 깔끔한 형태로 기억하기 쉬울 것이다. 마지막의 '2R'은 외접원의 지름(R=반지름)을 나타낸다.

사인 정리 $\quad \dfrac{a}{\sin A} = \dfrac{b}{\sin B} = \dfrac{c}{\sin C} = 2R$

모서리와 변의 관계를 나타낸 또 하나의 정리가 있는데 이는 예전에 cos
이 '여현(餘弦)'이라 불려 '여현 정리'라는 이름으로 불렸다. 오늘날에는 '코
사인 정리'라고 부르고 식이 상당히 복잡하다.

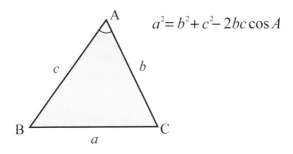

물론 각 B(변 b), 각 C(변 c)도 마찬가지이므로 교과서에서는 아래와 같
이 나타내는데 한 가지만 기억해 두면 충분하다.

코사인 정리
$$\begin{cases} a^2 = b^2 + c^2 - 2bc\cos A \\ b^2 = c^2 + a^2 - 2ca\cos B \\ c^2 = a^2 + b^2 - 2ab\cos C \end{cases}$$

# 곱자로 루트를 계산하는 지혜

숲에서 나무를 베어 아래와 같은 재목감을 얻었다. 목수는 벌목한 나무에서 어느 정도 굵기의 각재목이 나올지 어떻게 알 수 있을까?

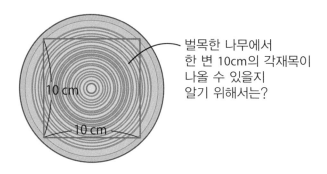

벌목한 나무에서
한 변 10cm의 각재목이
나올 수 있을지
알기 위해서는?

목수가 재목감을 측정할 때는 그림과 같은 'ㄱ'자 모양의 '곱자(또는 곡척)'를 사용한다. 이 곱자에는 장인의 지혜가 응축되어 있다고 한다.

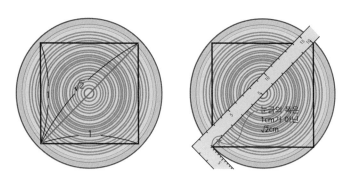

재미있는 것은 '1:1:√2'의 지식을 이용한다는 점이다. 앞 페이지의 그림과 같이 직각 이등변 삼각형이 있을 때 세 변의 비는 1:1:√2였다. 따라서 예를 들어 가로 · 세로 10cm의 각재목의 경우 대각선은 틀림없이 $10\sqrt{2}$ =14.14…cm가 될 것이다.

　한편 곱자로 대각선을 재보면 신기하게도 '10cm'를 표시하고 있다. 어떻게 된 일일까? 사실은 처음부터 눈금의 폭을 1.414…배로 잡았기 때문이다. 이 1.414…배의 눈금을 가진 곱자를 사용하면 대각선을 측정하는 것만으로 그 목재에서 나오는 각재목의 크기를 단번에 알 수 있다. 말하자면 '루트 자'라고도 할 수 있겠다.

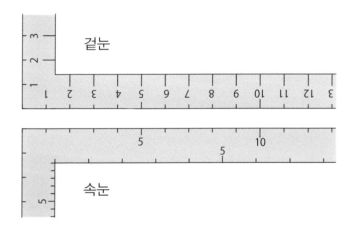

　곱자는 앞면(겉눈)에 정규 치수의 눈금이 있고 뒷면(속눈)의 눈금이 1.414…배로 늘어난 것이다. 겉은 보통 길이, 속은 대각선으로 사용할 수 있는 편리한 도구다.

　그뿐 아니라 뒷면에는 이 책에서 이름 붙인 루트 자(1.414배로 만들어진 자) 외에도 정규 치수인 '겉눈 자(앞면 눈금)'와 그 안쪽에 '각눈', '원주눈'이라 불리는 눈금이 새겨져 있다.

　각눈은 원통형 나무의 지름을 측정함으로써 최대로 얻을 수 있는 각재목의 한 변의 길이를 알 수 있다. 아래 그림의 경우 6cm 정도다.

　왼편 안쪽의 원주눈이라 불리는 눈금으로는 원통형 나무의 지름을 측정함으로써 원주를 구할 수 있다.

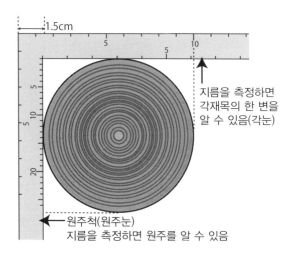

1.5cm

지름을 측정하면 각재목의 한 변을 알 수 있음(각눈)

원주척(원주눈)
지름을 측정하면 원주를 알 수 있음

　이 원통형 나무를 바깥쪽 눈금으로 재면 10cm다. 하지만 그림에서 알 수 있듯 1.5cm 정도를 제외해야 하기에 실제 치수는 8.5cm 정도일 것이다. 이것이 지름이므로 나무의 원주는

$$8.5cm \times 3.14 = 26.69cm$$

가 된다. 이것이 원주눈으로 표시하는 눈금(원주)이 된다.

　활용법은 또 하나 있다. 예를 들어 어떤 일정한 경사(구배)를 가진 목재를 쉽게 잘라낼 수 있는 것이다. 이 곱자를 아래 그림과 같이 목재에 직접 대면 왼쪽 10cm, 오른쪽 3cm의 이른바 '세 치 경사(세 치 구배)'가 생긴다. 지붕의 경사를 표현할 때 사용되는 말로 '수평 10, 높이 3'의 경사다. 말하자면 tan와 같다.

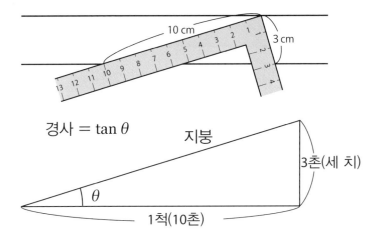

경사 = tan θ

지붕

3촌(세 치)

θ

1척(10촌)

　이 10:3의 비율을 1:1로 바꾸면 좌우 대칭의 직각 이등변 삼각형을 간단히 만들 수 있다. 이 경우 두 각도는 각각 45°. 그 밖에도 수평 10, 높이 5.7의 '5촌 7분의 경사'로 만들면 30° 각도의 지붕을 만들 수도 있다. 정남향의 지붕이 30°인 경우 태양 전지 패널이 최대 효율(100%)을 거둔다고 한다.

　결코 만만하게 볼 수 없는 곱자의 능력. 생활용품점 같은 곳에서 발견하게 되면 배운 내용을 떠올리며 유심히 관찰해보자.

# 피타고라스 '학파'의 정리?

피타고라스(기원전 580년경~기원전 500년경)는 에게해의 사모스섬에서 태어나 탈레스(기원전 634년경~기원전 548년경) 이후에 등장한 수학자다. 피타고라스는 탈레스로부터 방대한 지식을 전수 받고 이집트 등지에서 오랜 기간 유학한 뒤 이탈리아 반도 남단의 크로토네에 학교를 세웠다.

이 학교는 다소 특이해서 교내에서 배운 것을 절대 외부에 발설해서는 안 되고 제자가 발견한 것도 스승인 피타고라스의 발견으로 간주한다는 규정이 있었다고 한다. 그런 의미에서 피타고라스의 정리도 반드시 피타고라스 본인이 발견했다고는 할 수 없고 '피타고라스학파의 정리'라고 부르는 편이 정확하다고 하겠다.

피타고라스학파는 피타고라스의 정리 이외에도 삼각형 내각의 합이 $180°$인 사실(이는 탈레스가 이미 알고 있었다고 한다)을 평행선의 엇각을 이용해 증명하거나(1-6 참조), 평면을 정다각형으로 채울 수 있는 것은 '정삼각형, 정사각형, 정육각형'의 3가지밖에 없다는 점, 또 정다면체(같은 도형으로 표면을 감싼 입체)는 '정사면체, 정육면체, 정팔면체, 정십이면체, 정이십면체'의 5가지로 한정된다는 사실을 증명했다.

이렇게 수많은 수학적 업적을 쌓은 피타고라스학파지만 점차 종교 집단, 정치 결사에 가깝게 변모하며 정치에도 개입하게 되었다. 그래서 많은 시민의 반감을 사고 결국 습격을 당해 피타고라스와 그의 제자들은 함께 암살당했다고 전해진다.

# 제5장

# 쉽게 이해하는 부피의 세계

# 삼각뿔은 삼각기둥의 $\frac{1}{3}$!

'삼각기둥, 사각기둥⋯⋯원기둥'과 같은 '기둥의 부피'는 '밑넓이×높이'였다. 그리고 '삼각뿔, 사각뿔⋯⋯원뿔' 등의 '뿔의 부피'는 '기둥의 $\frac{1}{3}$'이라고 초등학교에서 배웠을 것이다. 삼각뿔에 물을 담아 삼각기둥에 넣으면 정확히 세 잔으로 채워지기 때문이다.

그런데 정말 '기둥과 뿔'의 부피 비는 딱 3:1일까? 아니면 3.14⋯배와 같이 되는지 확인해 볼 필요가 있다.

'원기둥→원뿔'의 관계는 적분을 통한 설명이 더 간결하므로 이후 7장에서 설명하기로 한다.

한편 다각형 뿔의 경우는 반대로 적분에서 더 복잡해진다.

따라서 더 손쉽게, 누구나 이해할 수 있는 형태로 '삼각뿔의 부피는 삼각기둥 부피의 $\frac{1}{3}$'이라는 사실을 적분을 사용하지 않고 기하적으로 생각해 보자.

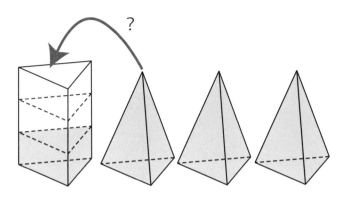

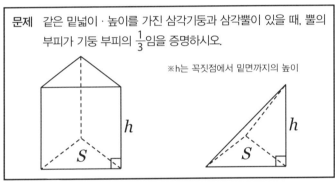

**문제** 같은 밑넓이·높이를 가진 삼각기둥과 삼각뿔이 있을 때, 뿔의 부피가 기둥 부피의 $\frac{1}{3}$임을 증명하시오.

※h는 꼭짓점에서 밑면까지의 높이

먼저 삼각기둥을 세 개의 삼각뿔로 나눠 보자. 이때 두 가지 주의점이 있는데 첫 번째는 뿔의 부피는 '밑넓이와 높이'만으로 결정된다는 전제하에서 시작한다는 것이다(이후 5-2의 카발리에리의 원리에서 다룬다). 즉 밑넓이의 크기가 같고 높이가 같다면 세 뿔의 부피도 같다고 할 수 있다. 분리한 3개의 뿔은 꼭 합동일 필요는 없다(같은 형태로 나누지 않아도 된다)는 것이다.

두 번째로는 삼각기둥을 적절한 각도, 위치로 놓아야 한다. 자칫 잘못 그리면 아래 그림과 같이 쉽게 이해하기가 어렵다.

예를 들어 아래의 왼쪽 그림과 같은 도면을 그리면 삼각뿔 3개로 나뉘었는지 아닌지 알 수가 없다.

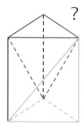
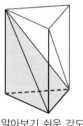

알아보기 쉬운 각도로
그린 삼각기둥

그림을 그리는 것은 어디까지나 '그림을 보고 사고하기 쉽도록' 하기 위함이다. 3면 중 한 면이 정면을 향하고 있으면 단면을 알기 어렵다.

따라서 오른쪽 그림과 같이 삼각기둥을 약간 회전시켜 적어도 두 면이 보일 수 있도록 했다. 단면도 알아보기 쉬워졌으니 절반은 성공한 거나 마찬가지다.

옆 페이지 그림의 오른쪽 위와 같이 처음에 ABF 면으로 나누면 ABC를 밑면, 꼭짓점을 F로 하는 삼각뿔 ABCF(1)가 생긴다. 이어서 AEF 면에서 나누면 삼각뿔 AEBF(2), 삼각뿔 ADEF(3)가 나온다.

먼저 (1)과 (3)을 비교해 보자. 이 두 삼각뿔의 밑넓이는 기존 삼각기둥의 밑넓이이며 높이는 삼각기둥의 높이와 같으므로

$$(1) = (3)$$

이라고 할 수 있다.

## 세 개의 삼각뿔로 나누기

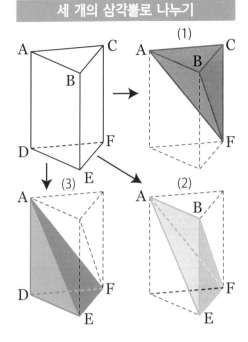

다음으로 (2)와 (3)의 삼각뿔을 비교해 본다.

(2)를 밑넓이 AEB, 꼭짓점 F의 삼각뿔이라고 생각하고 (3)을 밑넓이 ADE, 꼭짓점 F의 삼각뿔이라고 생각한다.

그러면 이 두 삼각뿔의 밑넓이 AEB와 ADE는 직사각형 ADEB를 대각선 절반으로 나눈 것이라 볼 수 있으므로 (2)와 (3)의 밑넓이는 같다.

둘의 밑면은 같은 평면상에 있고 꼭짓점은 F로 같기에 높이도 같다. 따라서

$$(2) = (3)$$

이라고 할 수 있다. 세 도형의 관계로부터

$$(1) = (2) = (3)$$

이라 볼 수 있으므로 같은 밑넓이, 같은 높이를 가진 삼각기둥과 삼각뿔을 비교해 보면 '삼각뿔의 부피는 삼각기둥 부피의 3분의 1'이라 증명할 수 있는 것이다.

# 카발리에리의 원리

앞서 2장에서 '넓이를 바꾸지 않고 간단한 도형으로 인식한다'라고 이야기했다. 카발리에리의 원리도 이것과 일맥상통하는 편리한 원리다.

카발리에리의 원리는 넓이, 부피에 모두 사용할 수 있고 개념은 같다. 일단 넓이부터 살펴보자.

다음 페이지 우측 위의 그림은 일본 지도의 데포르메[4]다. 종이에 그려진 지도를 잘게 나누고 위치를 바꾸어도 당연히 총넓이는 변하지 않는다.

이를 이용해 다음과 같이 말할 수 있다.

---

**카발리에리의 원리 — (1) 평면의 경우**
2개의 도형이 있으며 일정 간격으로 평행선을 그었을 때 대응하는 부분의 길이가 같다면 두 도형의 넓이는 같다고 할 수 있다.

---

이 카발리에리의 원리를 인정하면 가운데나 아래 그림과 같이 서로 모양이 다른 경우에도 ①평행선을 그어 ②그 직선상에 걸려 있는 길이(대응하는 부분의 길이)가 같을 때 '두 도형의 넓이는 같다'라고 할 수 있다. 형태가 달라도 상관없는 것이다.

또한 길이가 같지 않아도 예를 들어 '항상 2:3의 비'일 때 넓이는 2:3이 된다.

---

4 대상을 사실적으로 묘사하지 않고 일부 변형, 축소, 왜곡을 가하는 표현 기법

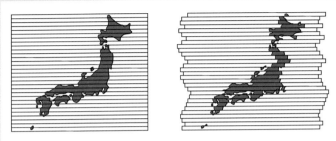

두 가지의 일본 지도, 잘게 잘라도 일본의 넓이는 같음!

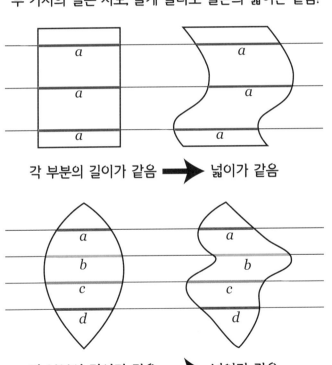

각 부분의 길이가 같음 ➡ 넓이가 같음

각 부분의 길이가 같음 ➡ 넓이가 같음

다음으로 입체의 경우를 알아보자.

다음 페이지 위의 그림은 다루마오토시[5]다. 다루마오토시를 옆쪽에서 망치로 치고 오른쪽 그림과 같이 되었다고 하자.

원래 모습의 다루마오토시(왼쪽)의 부피와, 망치로 두드려 위험한 상태의 다루마오토시를 비교했을 때 그 부피는 당연히 같다.

다루마오토시보다 더 얇은 트럼프 카드도 마찬가지다. 깔끔히 정돈된 트럼프 카드(왼쪽)를 약간 흐트러뜨리면 오른쪽과 같아진다. 마술사들이 의기양양하게 오른쪽의 상태로 만들어 '1장 빼 보세요'라고 말하기도 한다.

만약 '오른쪽 상태의 부피를 구하라'라고 하면 힘들겠지만, 원래 왼쪽의 부피와 같은 것을 알고 있다면 직육면체 트럼프 카드의 부피를 구해서 바로 알 수 있다.

다루마오토시나 트럼프 카드 모두 대응하는 부분이 바뀌지 않는 한 부피도 변하지 않는다.

즉 입체의 경우 카발리에리의 원리는 아래와 같다.

---

**카발리에리 원리 — (2) 입체의 경우**
2개의 입체가 있고 어느 한 면에 평행하도록 차례차례 나누었을 때, 각 면의 넓이가 여전히 같을 경우 각각의 부피도 같다.

---

또한 넓이가 그랬던 것처럼 2개의 도형에서 '넓이 비가 항상 2:3일 경우 부피도 2:3'이 된다. 카발리에리의 원리는 이처럼 매우 편리한 방법이다.

복잡한 도형을 간단하게 바꾸거나 증명하기가 힘든 경우에도 손쉽게 가능해지는 것이다.

이어서 다음 장에서는 카발리에리의 원리를 통해 '구의 부피'를 구하는 방법을 알아보자.

---

5 달마를 뜻하는 '다루마ダルマ'와 떨어뜨린다는 뜻의 '오토시落とし'가 합쳐진 말로, 블록을 쌓은 후 망치로 아래 블록부터 차례차례 빼내는 일본 전통 놀이

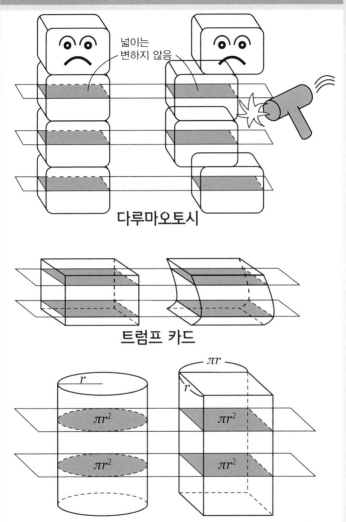

# 카발리에리의 원리 (2) 입체

넓이는 변하지 않음

다루마오토시

트럼프 카드

$r$

$\pi r$

$r$

$\pi r^2$

$\pi r^2$

$\pi r^2$

$\pi r^2$

위 그림과 같이 절단면의 형태가 달라도 면이 평행하도록 차례차례 나누었을 때 넓이가 같다면 각각의 부피도 같음

# 구의 부피도 카발리에리의 원리로 구하기

카발리에리의 원리를 이용하면 구의 부피 공식도 구할 수 있다.

$$구의 부피 = \frac{4}{3}\pi r^3$$

아래 그림의 ①은 원기둥 안에 들어 있는 구(부피를 구할 도형), ②는 같은 원기둥에서 원뿔(위아래)을 잘라내어 절구통이 맞닿아 있는 모양의 물체다. 이 두 가지를 생각해 보자.

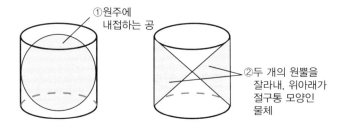

①원주에
내접하는 공

②두 개의 원뿔을
잘라내, 위아래가
절구통 모양인
물체

아르키메데스는 "이 구와 절구통 모양 물체의 부피는 같다"라고 간파했다. 정말인지 아닌지는 카발리에리의 원리를 이용하면 알 수 있다.

이해하기 쉽도록 ①은 위의 반구만, ②도 위쪽 절구통 모양 부분만 비교해 보기로 한다. 모두 밑면에서 a까지의 거리로 나누면 ①의 반지름은 피타고라스의 정리에 따라

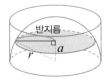

반지름

$a$

$r$

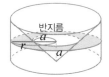

반지름

$a$

$r$

$a$

$$(\text{반지름})^2 = r^2 - a^2, \text{ 따라서 반지름} = \sqrt{r^2 - a^2}$$

이 ①의 단면의 넓이 $S_a$는

$$S_a = \pi \left( \sqrt{r^2 - a^2} \right)^2 = \pi \left( r^2 - a^2 \right) \cdots\cdots \text{구의 단면적}$$

다음으로 ②의 원뿔의 단면은 '도넛형'이 된다. 이 단면의 넓이 $S_b$는 (큰 원의 넓이-작은 원의 넓이)이다. 따라서,

$$S_b = \pi r^2 - \pi a^2 = \pi \left( r^2 - a^2 \right) \cdots\cdots \text{원뿔을 제거한 단면적}$$

양자의 단면적을 비교하면 같으므로 카발리에리의 원리에 따라 '①과 ②의 부피는 같다'라고 할 수 있다.

이후 '구의 부피를 구하는 방법'에 대해서는 만화를 참조하길 바란다. 카발리에리의 원리를 알면 어려운 문제를 쉽고 간단히 풀 수 있다.

참고로 카발리에리의 원리는 '동일한' 경우뿐만 아니라 길이의 비가 일정한 경우(a:b 등), 넓이도 그 비에 대응하는 것으로 알려져 있다. 예를 들어 타원은 어디를 자르더라도 원에 대해 $\dfrac{b}{a}$배(a:b)이므로,

$$\text{타원의 넓이} = (\text{원의 넓이}) \times \frac{b}{a} = \pi a^2 \times \frac{b}{a} = \pi ab$$

와 같이 타원의 넓이를 원의 넓이로부터 구할 수 있다.

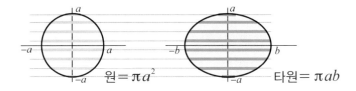

# 구의 겉넓이를 산출하는 방법

원기둥, 원뿔로부터 구의 부피를 구하는 방법을 생각해 내는 것은 쉽지 않았는데 구의 겉넓이는 어떨까?

구의 겉넓이 일부를 $S_1$이라 하고 높이=구의 반지름$(r)$인 뿔을 생각해 보자($S_1$, $S_2$…… 등). 그렇다면 이 뿔의 부피는

$$\frac{1}{3} S_1 r$$

이 된다. 그리고 구의 겉넓이 $S$는 이 $S_1$, $S_2$, $S_3$…을 무수히 모은 것이다.

$$S = S_1 + S_2 + S_3 + \cdots\cdots + S_n$$

또한 구의 부피는

$$\frac{1}{3} S_1 r + \frac{1}{3} S_2 r + \frac{1}{3} S_3 r + \cdots\cdots + \frac{1}{3} S_n r$$
$$= \frac{1}{3} S r = \frac{4}{3} \pi r^3$$

이 된다. 이는

$$S = \frac{4}{3} \pi r^3 \times \frac{3}{r} = 4\pi r^2$$

이 되며 겉넓이가 $4\pi r^2$이 된다는 사실을 알 수 있다.

아르키메데스의 무덤에는 '구와 구에 외접하는 원기둥은 부피·겉넓이 모두 2:3의 관계가 있다'라고 적혀 있었다고 한다. 원기둥의 겉넓이는 $6\pi r^2$이므로 확실히 구의 겉넓이도 부피와 마찬가지로 외접하는 원기둥의 $\frac{2}{3}$가 된다.

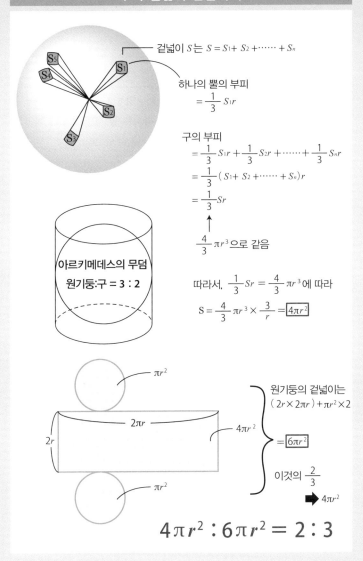

겉넓이 $S$는 $S = S_1 + S_2 + \cdots\cdots + S_n$

하나의 뿔의 부피
$$= \frac{1}{3} S_1 r$$

구의 부피
$$= \frac{1}{3} S_1 r + \frac{1}{3} S_2 r + \cdots\cdots + \frac{1}{3} S_n r$$
$$= \frac{1}{3} (S_1 + S_2 + \cdots\cdots + S_n) r$$
$$= \frac{1}{3} Sr$$

↑

$\frac{4}{3} \pi r^3$으로 같음

아르키메데스의 무덤

원기둥:구 = 3 : 2

따라서, $\frac{1}{3} Sr = \frac{4}{3} \pi r^3$에 따라

$$S = \frac{4}{3} \pi r^3 \times \frac{3}{r} = \boxed{4\pi r^2}$$

$\pi r^2$

$2\pi r$

$2r$     $4\pi r^2$

$\pi r^2$

원기둥의 겉넓이는
$(2r \times 2\pi r) + \pi r^2 \times 2$
$$= \boxed{6\pi r^2}$$

이것의 $\frac{2}{3}$

➡ $4\pi r^2$

$$4\pi r^2 : 6\pi r^2 = 2 : 3$$

## 지구의 무게 측정해 보기

> **문제** 지구의 무게를 구의 부피 공식과 지구의 반지름을 이용해 추산
> 하시오. 또한 그 근거도 함께 서술하시오. 물, 이산화규소, 철의
> 밀도는 물을 1로 했을 때 각각 1, 2.2, 7.87로 한다.
>
> $$부피의 공식 = \frac{4}{3}\pi r^3 \quad (단, 반지름\ r = 6400km)$$

'기하'는 본래 실용적인 과학이므로 이러한 문제에도 도전해 보면 재밌을 것이다. 지리, 지구 과학 등까지 동원한 종합 사고력을 요구하는 문제다.

먼저 (1) 지구의 부피를 구하고 (2) 부피로부터 무게를 추산하는 순서로 접근해 본다.

지구의 부피는 반지름(6,400km)을 공식에 대입해

$$\frac{4}{3}\pi r^3 = \frac{4}{3}\pi(6400(km))^3 = 1,097,509 \times 10^6 (km^3)$$

이 된다.

문제 지문에는 지구의 평균 밀도에 대한 정보가 없으므로 무게를 구할 방법은 없다. 따라서 어떠한 이유를 들어 추산하고 크게 값이 다르지 않으면 '통과'라고 생각한다. A, B, C 학생에게 각각 문제를 제시했다.

① A의 주장… '지구는 바다:육지=7:3'이니까 물($H_2O$)로 가득 차 있다고 가정하면? 물의 밀도는 1이니 부피만 구하면 계산도 쉽다. 단위 환산만 틀리지 않으면 되지.

② B의 주장… '클라크수[6]'라는 것이 있지. 지구 과학 수업을 들어서 기억하는데 지각을 구성하는 물질 중 가장 많은 것이 산소, 그다음이 규소였

---

6 지표로부터 16km 깊이의 지각과 대기권에 들어 있는 각 원소의 양을 중량 백분비로 나타낸 수

어. 돌이나 자갈에는 실제로 둘을 합친 이산화규소가 많이 포함되어 있으니 '지구는 이산화규소($SiO_2$)로 만들어져 있다'라고 생각하면 되는 거 아니야? 물보다 무겁고 말이지.

③ C의 주장…허술한 분석이군. 지표면이나 지각은 지구에 있어서 겉모습일 뿐이야. 지구 한가운데에는 걸쭉하게 녹은 철이 있을 거야. 그러니까 '지구는 철(Fe)로 이루어져 있는 것'이 맞아. 단지 전부 철이라고 생각하면 너무 무거우니 몇 %는 빼야겠지.

세 사람의 의견 모두 일리가 있으니 각각 계산해 보도록 하자.

① A의 주장(지구=물)

만약 물로 가득 차 있다고 하면

$$1cm^3 \text{ 이 } 1g$$

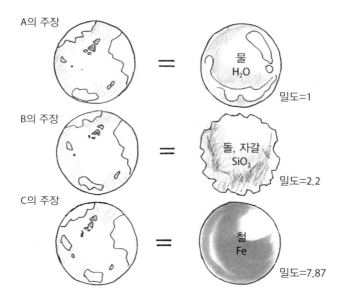

A의 주장

물
H₂O

밀도=1

B의 주장

돌, 자갈
SiO₂

밀도=2.2

C의 주장

철
Fe

밀도=7.87

이므로 간단하다. 하지만 A가 스스로 지적한 것처럼 환산이 까다롭다. '1km³=몇 톤'인지 알면 바로 계산할 수 있지만 어느 정도인지 감이 잘 오지 않는다. 이런 경우에는 천천히 계산해 보자.

$1cm^3 = 1g$

$1000cm^3 = 1000g = 1kg$(종이팩 1리터)

$1m^3 = (100)^3cm^3 = 10^6cm^3 = 1000kg = 1t$(100cm = 1m에 따라)

$1km^3 = (1000m^3)^3 = 10억t$ ······ (1)  ※물의 경우

이 (1)을 지구의 부피($1,097,509 \times 10^6$)에 곱하면 어떻게 될까?

$$1,097,509 \times 10^6 \times 10^9 t = 1.098 \times 10^{21} t$$

이것이 A의 해답이다.

② B의 주장($SiO_2$)

위의 ①에서 물($H_2O$)의 경우를 산출할 수 있었으므로 이제 물과의 무게를 비교하기만 하면 된다. 이산화규소의 밀도는 2.2. 따라서 '지구가 모두 이산화규소'라고 가정한다면 지구의 무게는

$$1.098 \times 10^{21}\text{t} \times 2.2 = 2.42 \times 10^{21}\text{t}$$

③ C의 주장(철=Fe)

마찬가지로 철의 밀도는 7.87. 따라서 '지구가 모두 철로 이루어져 있다'라고 가정하면 지구의 무게는

$$1.098 \times 10^{21}\text{t} \times 7.87 = 8.64 \times 10^{21}\text{t}$$

사실 C의 주장처럼 지각은 지구의 표면에 불과하다. 바다와 육지가 7:3이라고 하는 것도 결국엔 표면의 비다. 하지만 부피에서는 완전히 무시할 수 없는 것이다.

C가 지적한 것처럼 조금 덜어내 보도록 하자. ②와 ③사이라고 생각하면 '약 $5.53 \times 10^{21}$톤', 혹은 '약 $5.53 \times 10^{24}$kg'이 된다($\frac{2.42 + 8.64}{2} = 5.53$).

실제로 일본 국립천문대가 편찬한 이과 연표를 조사해 보면 $5.9736 \times 10^{24}$kg으로 되어 있다. '기하'는 본래 측량이라는 실용적 목적에서 시작된 만큼 가끔은 골똘히 고민해서 '진짜 값'에 접근하는 시도를 해보면 어떨까?

# 후지산의 부피를 여러 개의 원뿔대로 구하기

아래의 문제를 풀어 보자.

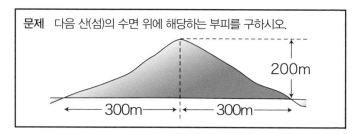

> **문제** 다음 산(섬)의 수면 위에 해당하는 부피를 구하시오.
>
> 200m
>
> ←300m→ ←300m→

작은 섬의 경우 '섬=산'과 같은 곳이 많다. 그 부피는 어느 정도일까?

가장 간단한 방법은 원뿔의 부피로 대체하는 것이다. 뿔의 부피는 같은 밑넓이, 높이를 가진 기둥의 $\frac{1}{3}$이므로

$$산의 \; 부피 = \frac{1}{3}Sh = \frac{1}{3}\pi r^2 h = \frac{1}{3}\pi \times (300)^2 \times 200$$
$$= 18,840,000 \text{m}^3$$

그렇다면 후지산(3,776m)의 부피(고도 1,000m 이상의 부분)를 구하려면 어떻게 해야 할까? 다음 페이지의 그림에서 후지산도 '반지름 12.5km의 원뿔'로 간주해

$$\frac{\pi r^2}{3} h = \frac{\pi (12.5)^2}{3} \times 2.776 = 453.99 \fallingdotseq 454 (\text{km}^3)$$

이라고 하는 것도 가능하지만 산의 경사면이 어떻게 깎였느냐에 따라서는 정확도가 상당히 떨어질 수 있다. 등고선과 원뿔대의 개념을 이용해 높은 정확도로 근사하는 방법을 소개한다.

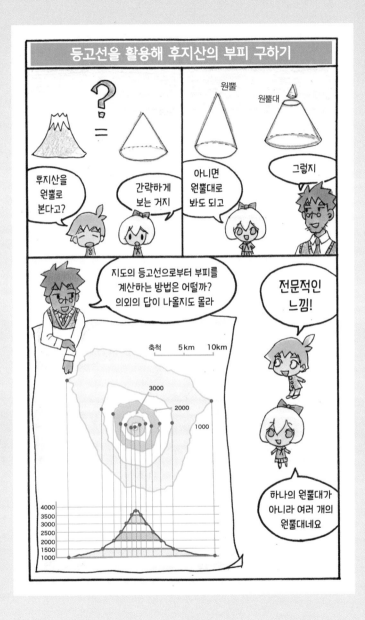

7 일본 에도 시대의 목판화가

# 세키 다카카즈의 수학 업적

'산술의 성인'이라 불린 세키 다카카즈(1640년 경~1708년)는 에도 시대 일본의 전통 수학 와산(和算)을 세계적인 수준까지 끌어올린 인물이다. 뉴턴이나 라이프니츠와 비슷한 시기의 수학자다.

그는 어린 나이에 세키 가문의 양자로 들어가 막부의 금전 출납을 관리했다. 또한 당시 화제가 되었던 요시다 미츠요시의 산술서『진겁기(塵劫記)』에도 관심을 보이며 중국의 수학책 등을 바탕으로 독학했다고 한다. 중국의 천원술(미지수가 하나인 방정식)을 개량한 점서술을 발명하고『발미산법』을 저술해 미지수가 복수인 연립 방정식에도 필산을 통해 푸는 방법을 고안해 와산 발전의 기초를 마련했다.

세키 다카카즈의 업적은 우수한 제자에 의해 계승되었으며 그중에서도 다케베 가타히로(1664~1739년)는 스승의 지혜를 전하는 수학서『발미산법연단언해(発微算法演段諺解)』를 간행하고 원주율을 구하는 공식을 독자적으로 개발하는 등 일본의 와산을 더욱 발전시켜, 세키 학파는 그 입지를 확고히 다진다.

에도 시대에는『진겁기』를 비롯한 수학서가 폭발적 인기를 끌었다. 각각의 출판물에는 해답이 없는 난제가 게재되었고 이들을 푸는 것을 최고의 즐거움으로 여기는 '유제 계승'이라는 문화가 있었다.

# 제6장
## 합동·닮음의 심오한 세계

# 합동과 닮음, 의외의 오해?

'같은 모양, 같은 크기'인 도형을 수학에서는 '합동'이라고 부른다. 그리고 모양은 같고 크기가 다른 도형을 '닮음' 또는 '상사(相似)'라고 한다.

오른쪽 페이지의 ①과 ②는 원래 도형과 똑같을까? ①은 약간 회전시킨 것뿐이므로 같지만(합동), ②는 어떨까? 이 또한 앞뒤를 뒤집으면 원래와 같아지기 때문에 '합동'이다.

즉 합동은 '이동', '회전(①)'은 물론, '뒤집기(②)' 등을 통해 '같은 모양'이라고 판명되면 되는 것이다. '앞뒤를 뒤집어 일치하는 도형은 합동이 아니다'라는 것은 큰 오해다.

한편 닮음은 '모양은 같지만 크기가 달라도 되는 도형'이다. 즉 ③과 ④는 닮음이다. ⑤는 어떨까? 완전히 똑같으니 합동이고, 닮음은 아닌 걸까?

닮음이란 '크기가 다른 것'이 아닌 '크기가 달라도 괜찮은 것'이다. 같은 크기여도 상관없다. 따라서 합동은 닮음의 특수한 경우라고 할 수 있다. '합동인 도형은 닮음이 아니다'라는 것도 큰 오해다. 따라서 ⑤도 닮음에 해당한다.

참고로 '합동, 닮음은 삼각형만의 문제'라고 생각하는 것도 오해다. 중학생 시절 수학 시간의 '합동 조건, 닮음 조건'에서 알기 쉬운 삼각형의 예만 들었기 때문에 생긴 오해인 듯하다.

원은 모든 도형이 닮음이고 포물선도 모두 닮음이다(이후 자세히 설명). 나아가 프랙털이라 불리는 '자기 닮음'의 세계—전체와 일부는 서로 닮았다는, 기묘한 세계도 존재한다.

합동·닮음의 세계는 상당히 심오한 것이다.

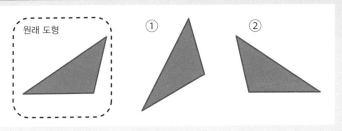

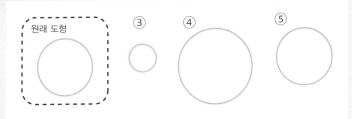

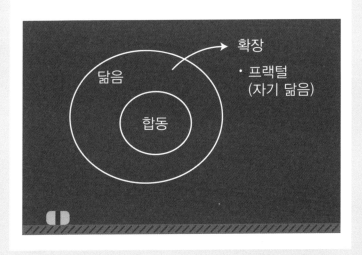

# 삼각형의 합동 조건, 닮음 조건이란?

합동과 닮음에 대한 '오해'가 풀렸으니 대표적인 삼각형의 합동 조건을 확인해 두자. '합동은 닮음의 특수한 경우'였으니 '일반적인 닮음부터 설명하는 편이 좋지 않을까?'라고 생각할지도 모르시만, 보통은 특수한 케이스 쪽이 더 간단하다.

## ● 삼각형의 합동 조건

삼각형에서는 ①세 변의 길이가 각각 같으면 '모양과 크기'가 정해진다 (사각형은 네 변이 같아도 정사각형인지 마름모꼴인지 확실하지 않다).

②두 변과 그 사이의 각이 각각 같다 — 이로써 삼각형의 '모양과 크기'가 정해진다. 일단 두 변의 길이는 공통이고 그 사이의 각이 같다면 맞변의 길이도 정해진다. 이는 ①과 같은 결과가 된다.

③한 변과 그 양 끝의 각이 각각 동일하다는 어떨까? 한 변만 같다고 해도 그 양 끝에서 뻗는 두 변의 각도가 같으면 세 변 모두 길이가 같아지므로 ①과 다름없다. 물론 '두 각이 역방향이라면?'이라는 의문도 있을 수 있지만, 삼각형의 내각만 생각하기 때문에 불가능한 이야기다.

따라서 이 세 가지 조건 중 어느 하나에 맞기만 하면 합동이라고 볼 수 있다.

## ● 삼각형의 닮음 조건

다음으로 '두 삼각형은 닮음이다'라고 할 수 있는 조건은 무엇일까? 합동은 '모양과 크기'가 같아야 하지만 닮음은 '크기'가 달라도 괜찮으니 '모양'에 중점을 두면 된다.

즉 '변의 길이'보다 '변이 이루는 각도'야말로 '모양'이 같아지기 위한 조

## 삼각형의 합동 조건

 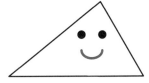

① 세 변의 길이가 각각 같음
② 두 변과 그 사이의 각이 각각 같음
③ 한 변과 그 양끝의 각이 각각 같음

## 삼각형의 닮음 조건

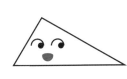 

① 세 변의 비가 같음
② 두 변의 비가 같고, 그 사이의 각이 같음
③ 두 각이 같음

건이라 할 수 있다. 따라서 합동의 조건을 힌트로 삼으면 위 그림의 ①과 ②는 바로 떠올릴 수 있을 것이다. 한편 ③의 경우 '한 쌍의 변의 비가 같다'라는 조건은 의미가 없다. 또 내각 중 두 각도가 같으면 나머지도 같아진다.

합동 조건에서도 봤듯이 삼각형은 세 변의 길이가 정해지면 된다. 삼각형의 모양은 강력한 형태다.

한편 사각형의 경우 비록 네 변이 정해지더라도 각이 기울어지면 정사각형, 마름모꼴, 평행 사변형 등 다양한 모양이 될 수 있다. 건축에서 사각형의 벽에 '지주'라 불리는 보강재를 넣는 것도 그 때문이다.

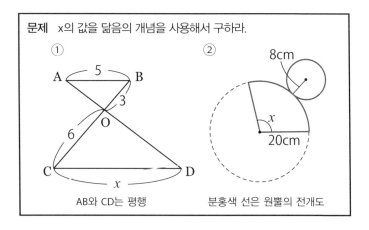

**문제** x의 값을 닮음의 개념을 사용해서 구하라.

① AB와 CD는 평행

② 분홍색 선은 원뿔의 전개도

①은 물론, ②도 '닮음 조건'을 사용해서 풀어야 한다.

먼저 ①은 위아래의 두 삼각형이 닮음 관계임을 깨닫기만 하면 된다.

AB와 CD가 평행하므로 서로 엇각이 같다. 따라서,

$$\angle OAB = \angle ODC \qquad \angle OBA = \angle OCD$$

두 각이 같으므로(삼각형 닮음 조건 3번) 2개의 삼각형은 닮음이다. 따라서 '대응하는 변의 비는 같다'라고 볼 수 있어서

$$\frac{5}{x} = \frac{3}{6}$$ 이므로, $x = 10$

②는 어떻게 하면 닮음 조건을 사용해서 풀 수 있을까? 답은 다음과 같다.

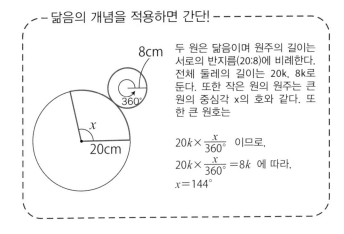

닮음의 개념을 적용하면 간단!

두 원은 닮음이며 원주의 길이는 서로의 반지름(20:8)에 비례한다. 전체 둘레의 길이는 20k, 8k로 둔다. 또한 작은 원의 원주는 큰 원의 중심각 x의 호와 같다. 또한 큰 원호는

$20k \times \dfrac{x}{360°}$  이므로,

$20k \times \dfrac{x}{360°} = 8k$ 에 따라,

$x = 144°$

위와 같이 닮음의 개념을 적용함으로써 간단하다는, 생각지도 못한 효용이 있다는 사실을 발견할 수 있다. 이번에는 '닮음의 개념을 사용하지 않고' 풀어 보자.

  큰 원의 부채꼴의 호 : 큰 원의 원주=x : 360°  ………(1)

  큰 원의 부채꼴의 호=작은 원의 원주  ………(2)

여기서 공통되는 '큰 원의 부채꼴의 호'의 길이는

$$(큰 원의 지름) \times \pi \times \dfrac{x}{360°}$$

로 계산되며 이것이 작은 원의 원주와 같으므로

$$40\pi \times \dfrac{x}{360°} = 16\pi$$

$$따라서, \quad x = \dfrac{16\pi \times 360}{40\pi} = 144°$$

# 피라미드의 높이를 닮음비로 측정

인류는 닮음비를 이용해 높이를 측정해 왔다. 가장 대표적인 예가 피라미드의 높이를 측정하는 방법이다.

탈레스(기원전 634년경~기원전 548년경)가 이집트를 방문했을 때 막대기 하나로 피라미드의 높이를 쟀다는 일화가 있는데 이를 문제로 만들면 다음과 같다.

---

**문제** 쿠푸왕의 피라미드는 밑면이 한 변 230m인 정사각형이다. 아래 오른쪽 그림과 같이 1m 막대기의 그림자는 1.5m로, 피라미드의 그림자는 밑변으로부터 104m였다. 피라미드의 높이를 구하라.

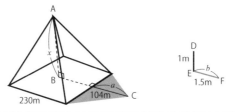

---

104m의 그림자는 피라미드 그림자의 일부에 불과하다. 피라미드의 한 변 230m의 절반에도 그림자가 있다고 봐야 하므로 실제 피라미드의 그림자는

$$104 + 230 \div 2 = 219 \text{(m)}$$

$$x : 1 = 219 : 1.5 \qquad \text{따라서,} \qquad x = \frac{219}{1.5} = 146$$

이렇게 피라미드의 높이가 146m라는 사실을 알게 되었다.

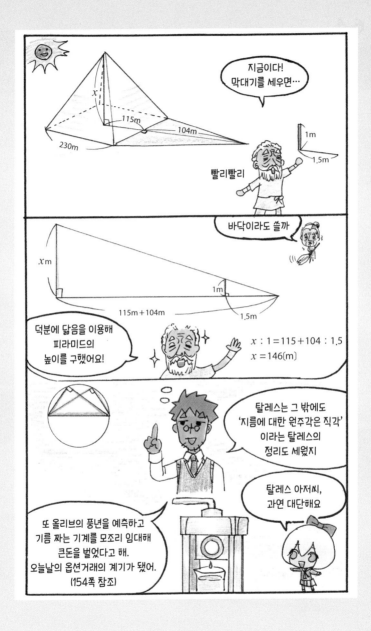

지금이다!
막대기를 세우면…

115m

104m

230m

1m

1.5m

빨리빨리

바닥이라도 쓸까

$x$m

1m

115m+104m

1.5m

덕분에 닮음을 이용해
피라미드의
높이를 구했어요!

$x : 1 = 115 + 104 : 1.5$
$x = 146(m)$

탈레스는 그 밖에도
'지름에 대한 원주각은 직각'
이라는 탈레스의
정리도 세웠지

탈레스 아저씨,
과연 대단해요

또 올리브의 풍년을 예측하고
기름 짜는 기계를 모조리 임대해
큰돈을 벌었다고 해.
오늘날의 옵션거래의 계기가 됐어.
(154쪽 참조)

# '공간 도형의 비'로
# 피라미드의 높이 구하기

앞서 피라미드 밑면의 한 변에 햇빛이 수직으로 비출 때 그림자의 길이를 측정했다. 왜냐하면 그림자 일부가 피라미드에 들어가기 때문에 정확한 그림자의 길이를 측정하기 위해서는 빛이 피라미드 밑면의 변에 수직이어야 하기 때문이다.

한편 오랜 시간 기다릴 필요 없이 조금 더 일반적인 측정법은 없을까? '공간 도형의 닮음비'를 사용하는 방법을 소개한다. 먼저 태양이 오른쪽 그림 A의 위치에 있을 때 피라미드와 길이가 1인 막대기의 그림자 위치를 조사한다. 그리고 그다음 태양이 B 위치일 때 생기는 두 그림자의 위치를 조사한다. 이 두 점과 꼭짓점을 연결하는 삼각형은 서로 닮음이므로 결국 둘의 닮음비는 s : t라고 할 수 있다. 따라서

$$\frac{s}{t} = \frac{x}{1} \quad \text{(x는 피라미드의 높이)} \qquad \therefore x = \frac{s}{t}$$

가 된다. 이 경우 '피라미드의 밑면의 한 변에 직각으로 햇빛이 비칠 때'라는 전제가 불필요하다.

'피라미드의 빗변과 한 변(의 절반)을 측정하면 피타고라스의 정리로 높이를 구할 수 있다'라는 것도 하나의 아이디어지만 피라미드는 거대한 벽돌로 만들어져 있어 측정하기가 어렵다. 게다가 탈레스(기원전 634년경~기원전 548년경)는 피타고라스(기원전 580년경~기원전 500년경)보다 이전 시대의 인물로 피타고라스학파는 피타고라스의 정리를 기밀로 했기 때문에 일반적이라고 할 수는 없다(사실 피타고라스의 정리는 더 오래전부터 존재했다는 설도 있다). 탈레스는 특히 천문학과 측량에 뛰어났다고 하며 141쪽의 내용과 같이 일식 예언으로도 유명하다.

## 두 번으로 나눠 그림자를 측량하는 '공간 도형의 비'

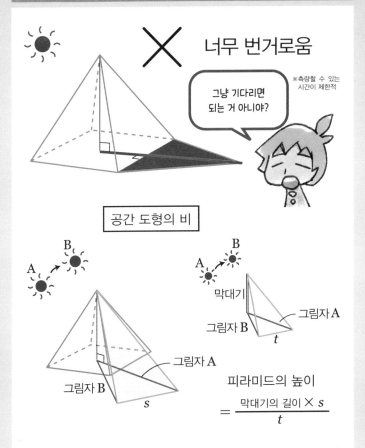

너무 번거로움

※측량할 수 있는 시간이 제한적

그냥 기다리면 되는 거 아니야?

공간 도형의 비

막대기

그림자 B

그림자 A

t

그림자 A

그림자 B

s

피라미드의 높이

$$= \frac{\text{막대기의 길이} \times s}{t}$$

태양이 A→B로 이동할 때 피라미드의 그림자도 그림자 A→그림자 B로 움직인다. 그러나 피라미드 내에 그림자의 일부가 포함되기 때문에 그대로는 그림자의 길이를 측정할 수 없다.

한편, ◁ 부분은 닮음이므로 s와 t를 측정하면 피라미드의 높이를 알 수 있다.

## 슐리만도 놀란
## 휴지로 나무 높이 재는 방법

사실은 일본에서도 에도 시대의 수학서 『진겁기』(요시다 미츠요시)에 나무의 높이를 '휴지'로 측정하는 문제가 나왔었다. 휴지로 다음과 같이 '직각 이등변 삼각형'을 만들면 △ABC와 휴지 △ADE는 서로 닮음이 된다. 이때 AB=BC가 됨으로써 나무의 높이를 구할 수 있는 것이다.

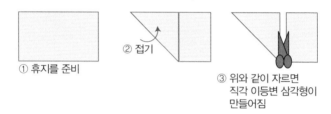

① 휴지를 준비

② 접기

③ 위와 같이 자르면
직각 이등변 삼각형이
만들어짐

물론 마지막에 측정하는 사람의 눈높이를 더하는 것을 잊어서는 안 된다.

일찍이 슐리만은 청나라를 거쳐 막부 말기의 일본을 방문했다. 슐리만은 일본인에 대해 "(코를 푼 다음)휴지를 소매에 넣어두고 밖에 나갔을 때 버린다. 그들은 우리가 같은 손수건을 며칠째 들고 다니는 것에 기겁한다"라고 『슐리만 여행기-청나라 · 일본』(講談社, 1998년)에 기술했다.

# 모든 포물선은 닮음?

닮음은 주로 삼각형에 적용되는 사례를 가지고 배웠지만, 6-1에서 잠시 언급했듯 '포물선'도 어엿한 닮음의 대상이다.

그러나 다음의 두 포물선,

$$y = x^2 \qquad y = 2x^2$$

을 ①, ❶로 비교해 보면 다음 페이지의 그래프와 같이 포물선의 곡선이 분명히 다르다. $y=x^2$쪽이 훨씬 넓어 도저히 닮음으로는 보이지 않는다.

하지만 $y=x^2$을 가로세로 $\frac{1}{2}$로 축소해 눈금의 간격이 좁아지면 $y=2x^2$으로 모양이 똑같아졌다.

닮음은 확대·축소했을 때 같은 모양이 되는 것이다. 반드시 삼각형과 같은 다각형일 필요는 없으며 원은 물론 포물선도 닮은꼴이다.

간단한 그래프를 그리면 '정말일까?'하고 의문을 품는 사람도 있을지 모르기 때문에 다음 페이지의 그래프에는 모두 정확히 눈금을 표시했다.

$y=x^2$과 $y=2x^2$의 그래프를 비교하면 ❶과 ①은 같은 눈금인 경우이므로 역시 다르지만, 축척을 바꿔 ②와 ❶을 대응시켜 보면 서로 같아진다는 사실을 알 수 있다.

나아가 $y=3x^2$의 경우에는 $y=x^2$의 그래프를 가로세로 $\frac{1}{3}$로 축소하면 $y=3x^2$의 그래프와 같아지고 $y=\frac{1}{2}x^2$의 그래프의 경우 가로세로를 2배로 하면 된다.

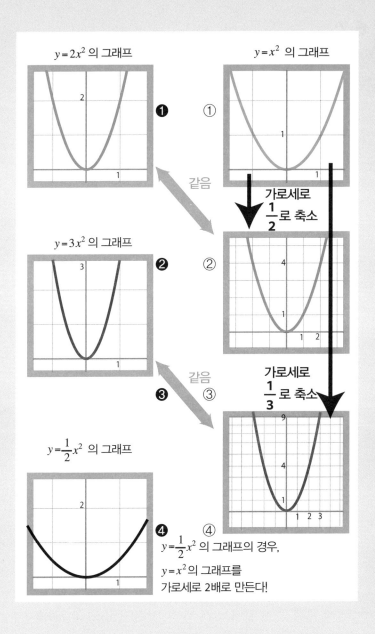

$y = 2x^2$ 의 그래프

$y = x^2$ 의 그래프

❶ ①

같음

가로세로
$\dfrac{1}{2}$로 축소

$y = 3x^2$ 의 그래프

❷ ②

같음

가로세로
$\dfrac{1}{3}$ 로 축소

$y = \dfrac{1}{2}x^2$ 의 그래프

❸ ③

❹ ④

$y = \dfrac{1}{2}x^2$ 의 그래프의 경우,

$y = x^2$의 그래프를
가로세로 2배로 만든다!

# 선대칭, 점대칭의 시선에서 사물 보기

같은 도형을 회전 이동시킨 것은 '합동'이며 그중에서도 '원점을 중심으로 180° 회전시킨 것'을 점대칭 이동이라고 한다. 따라서 점대칭 이동한 도형은 원래의 도형과 합동이라고 할 수 있다.

한편 선대칭 이동이라 불리는 것도 있다. 이는 수직선, 수평선 등 '선'을 축으로 도형을 '접는 것'이다. 나아가 선대칭 이동으로 자기 자신을 포갤 수 있는 도형을 선대칭 도형이라 하며 대칭축을 기준으로 접으면 완벽히 포개진다. 선대칭으로 자기 자신이 겹칠 때 그 도형을 선대칭이라고 한다.

정사각형의 경우 4개의 축으로 포갤 수 있으므로 대칭축이 4개라 할 수 있다.

---

**문제** 다음 도형은 점대칭과 선대칭 중 어느 것에 속하는가?
(중복 선택 가능)
①직사각형　②정삼각형　③원　④평행 사변형　⑤사다리꼴

---

②의 정삼각형은 180° 회전시키면 역방향의 삼각형이 된다. 정답은 점대칭은 ①, ③, ④, 선대칭은 ①, ②, ③ (단, 등변 사다리꼴은 선대칭)

---

**문제** 다음 도형의 선대칭 축은 각각 몇 개인가?
①정사각형　②직사각형　③정삼각형　④이등변 삼각형　⑤원
⑥타원　⑦반원　⑧마름모꼴　⑨평행 사변형　⑨사다리꼴

---

다음 페이지의 그림을 참고해 생각하면, ①4개, ②2개, ③3개, ④1개, ⑤무한대, ⑥2개, ⑦1개, ⑧2개, ⑨0개, ⑩0개(등변 사다리꼴은 1개)가 된다.

## 점대칭 이동과 선대칭 이동

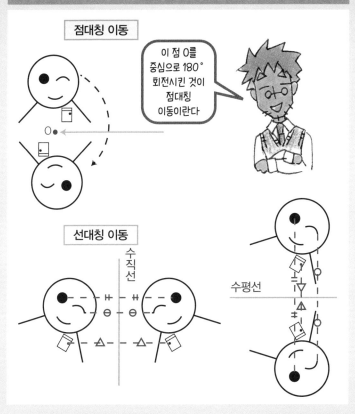

### 점대칭 이동

이 점 O를 중심으로 180° 회전시킨 것이 점대칭 이동이란다

### 선대칭 이동

수직선

수평선

## 선대칭 도형과 대칭축의 수

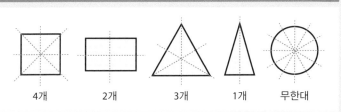

4개 2개 3개 1개 무한대

# 시의 상징과 가문 문양의 대칭성 퀴즈

대칭 도형은 단순하면서도 아름다워서 디자인에도 널리 이용되고 있다. 가문이나 도시의 상징 마크 등이 그 전형적인 예다. 다음 페이지에 소개한 20개의 가문, 도시의 상징을 각각 선대칭 도형, 점대칭 도형으로 나눠 보자.

⑤의 '산목'이란 주판이 등장하기 전에 사용되던 계산 도구를 말하며 ⑪ 은 물고기의 비늘을 나타내는데 이후 제8장에 등장하는 시에르핀스키 삼각형과 똑 닮았다.

가문의 문양에는 '겹침'이 많이 사용되기도 해서 선대칭이 되기 어려운 면이 있지만 0.5회전 해보면 의외로 점대칭인 경우가 많다.

한편 도시의 상징 마크에는 주의가 필요하다. 언뜻 보기에는 무언가의 형상 같지만 '시 이름의 디자인'인 경우가 많기 때문이다.

예를 들어 일본 후쿠오카의 경우 심벌에 '후ㄱ' 글자가 9개나 들어가 있다. 즉 '후쿠'[8]가 되는 셈이다. 삿포로의 경우 선대칭으로 보이나 안의 원은 좌우로 다르다. 이는 삿포로의 '札' 문자를 나타냄과 동시에 '삿포로'의 가타카나 '로(ㅁ)'도 표현하고 있다. 요코하마의 상징 마크도 선대칭 겸 점대칭으로 보이는데 이는 가타카나 '하마(ハマ)'를 디자인한 것으로 어떤 대칭에도 해당하지 않는다.

답  선대칭 도형: ④, ⑤, ⑪, B, D, E, F, G, H
　　점대칭 도형: ②, ③, ④, ⑤, ⑥, ⑧, ⑩, B
　　해당 없음: ①, ⑦, ⑨, ⑫, A, C

---

8  일본어에서 숫자 9의 발음이 '쿠'

## 다음 가문의 문양을 선대칭, 점대칭으로 구분해 보자

①미츠도모에

②네지요츠메

③히다리만지

④마루니히토츠이시

⑤마루니타테산기

⑥치가이쿠기네키

⑦미츠이나즈마비시

⑧요츠쿠미스지카이

⑨치가이타카노하

⑩무츠카사네보시

⑪미츠모리미츠우로코

⑫기리츠보

## 다음 도시의 상징 마크를 선대칭, 점대칭으로 구분해 보자

A 삿포로

B 도쿄

C 요코하마

D 지바

E 오사카

F 교토

G 고베

H 후쿠오카

# 최초의 수학자 탈레스의 지혜

'세계 최초의 수학자'로 알려진 탈레스(기원전 634년경~기원전 548년경)는 그리스 7현인 중 한 명으로도 유명하다. 탈레스는 '이등변 삼각형의 밑각은 같음', '지름에 대한 원주각은 직각', '삼각형의 내각의 합은 180°' 등의 수학적 증명을 했을 뿐 아니라 측량술, 천문학 등 다방면에 걸쳐 폭넓은 지식을 가지고 있었다.

그에 관한 여러 가지 일화가 오늘날까지 전해져 내려오는데 예를 들어 천문학 지식을 활용해 올리브의 풍작을 예견하고 미리 기름 짜는 기계를 모조리 임대해 막대한 이익을 얻었다고 한다. 이는 현재 옵션거래의 원형으로 소개된다.

또 어느 날은 밤하늘을 올려다보는 일에 정신이 팔려 도랑에 빠졌는데 한 노파에게 '당신은 먼 우주의 일은 알면서 눈앞의 일은 모르는군요'라며 비웃음을 샀다고 한다.

그 밖에도 현인의 모습을 보여주는 일화가 있다. 원래 상인이었던 그는 당나귀 등에 소금을 싣고 장터에 팔러 가던 중 강가에서 당나귀가 실수로 넘어져 등에 실어 둔 소금이 녹아 흘러버렸다. 다음날 다시 소금을 싣고 같은 장소에 오자 이번에는 당나귀가 고의로 넘어져 다시 한번 소금을 흘려 보내고 말았다. 소금을 흘리면 짐이 가벼워진다는 사실을 당나귀가 알아챘기 때문이다.

다음날 탈레스는 당나귀에 소금 대신 해면을 잔뜩 실었다. 여느 때처럼 강에 다다르자 당나귀는 일부러 넘어졌는데, 해면이 강물을 흠뻑 흡수해 반대로 짐이 무거워져 버렸다. 그때부터 당나귀는 두 번 다시 강에서 넘어지지 않았다고 한다.

# 제7장

# 적분으로 곡선 도형의 넓이 구하기

## 매스매티카 섬의 넓이를 추산하는 방법

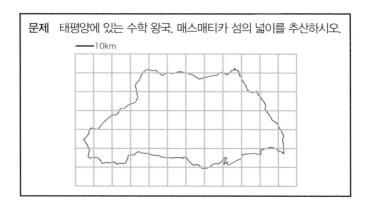

**문제**  태평양에 있는 수학 왕국, 매스매티카 섬의 넓이를 추산하시오.

──10km

이 문제는 '추산으로 충분'하니 눈금을 세어 넓이를 생각하는 수밖에 없다.

중학교 입시 문제 등에도 출제되고 있지만 처음 맞닥뜨리면 어떻게 풀어야 할지 당황하게 된다. 계산으로 정확한 값을 구하는 것이 아니니 대략적으로 계산해도 좋다.

다음과 같은 방법으로 접근해 보자.

① 섬 안에 전부 포함되는 칸의 개수를 셈

② 섬 안에 일부가 포함되는 칸의 개수를 셈

이때 ②를 어떻게 처리하느냐가 문제다. '2개를 합쳐 한 칸 분이 되는 것', '3개를 합쳐 한 칸이 되는 것' 등을 세자면 끝이 없으니 일찌감치 포기한다.

단순히 '②섬 안에 일부가 포함돼있는 칸'이 10개 있으면 반으로 나누어 5개로 간주하기로 한다.

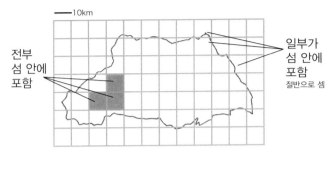

이처럼 매스매티카 섬의 눈금을 세면 ①21개, ②38개가 된다.

$$21 + 38 \div 2 = 21 + 19 = 40$$

으로 1칸은 10km×10km=100km²이므로

$$40 \times 100km^2 = 4000km^2$$

이 된다.

　대략적인 값에 꺼림칙함을 느끼는 완벽주의자도 있겠지만 어느 정도는 빨리 답을 구하는 편이 좋을 때도 있다. 일을 할 때도 느긋하게 있다가는 기회를 잃는 법. 이 같은 문제는 정확한 값을 구할 수 없으니 더욱 그렇다.

# 매스매티카 섬의 진짜 넓이에 조금씩 가까워지기

앞서 매스매티카 섬의 넓이를 눈금 수로 유추하는 방법을 알아봤다. 눈금 자체가 대략적이었기 때문에 상당히 '어중간한' 값이 나왔다. 기왕 시작한 김에 이번에는 더 정확한 수치에 접근해 보자.

먼저 눈금을 점점 작게 만들어 본다. 그리고 앞에서와 마찬가지로 눈금이 모두 섬 안에 포함된 유형①과 일부가 포함된 유형②로 나눈다.

앞에서는 위의 그림과 같이 ①이 21개, ②가 38개였기 때문에 식은 아래와 같았다.

$$(21 + 38 \div 2) \times 100\text{km}^2 = 4000\text{km}^2$$

이번에는 가운데 그림처럼 눈금을 반으로 세어 보자. ①은 113개, ②가 78개이고 한 변이 5km인 정사각형이므로 눈금의 넓이는 25km²이다. 따라서

$$(113 + 78 \div 2) \times 25\text{km}^2 = 3800\text{km}^2$$

이다.

다시 한번 계산해 보자. 아래 그림과 같이 개수를 세는 것이 번거롭지만 ①이 530개, ②가 164개다. 눈금 하나는 더 작아져 한 변이 2.5km인 정사각형이므로 한 칸은 6.25km²가 된다. 따라서

$$(530 + 164 \div 2) \times 6.25\text{km}^2 = 3825\text{km}^2$$

이다.

겨우 3번의 시도였지만 증감을 반복하면서 매스매티카 섬의 진짜 넓이에 가까워진 것 같다. 눈금을 더더욱 작게 만들면 오차가 줄어들며 실제 넓이에 가까워질 수 있다.

# ⊙눈금을 작게 만들어 실제 넓이에 가까워지기

—10km

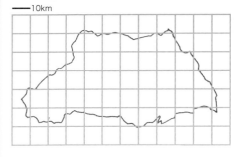

전부=21 개
일부=38 개
절반인 19개

21+19=40
40×100km²

4000km²

(한 변 5km)

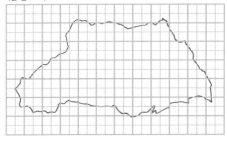

전부=113 개
일부=78 개
절반인 39개

113+39=152
152×25km²

3800km²

(한 변 2.5km)

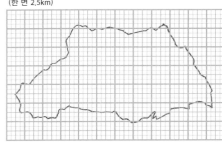

전부=530 개
일부=164 개
절반인 82개

530+82=612
612×6.25km²

3825km²

# 곡선과 직선으로 둘러싸인 넓이

기하학책에 갑자기 '적분'이 등장해서 놀란 독자도 있을 것이다.

도형에서는 넓이와 부피도 중요한 대상이며 적분은 넓이와 부피를 취급하기에 매우 편리하다.

또한 적분을 통해 도형의 넓이나 부피에 새로운 시각이 생겨나므로 떼려야 뗄 수 없는 관계라 할 수 있다.

삼각형이나 사각형 등 다각형의 넓이를 구하는 방법은 알지만 '곡선과 직선 사이의 넓이' 혹은 '곡선과 곡선으로 둘러싸인 넓이'를 구하려면 어떻게 해야 할까?

한 방법은 7-1, 7-2에서 소개한 정사각형 눈금으로 접근하는 방법인데 이는 큰 눈금일 때는 편하지만 정확한 넓이에 접근할 수 없다. 결국 눈금을 점점 작게 만들어야 하고 세는 과정도 너무나 수고스럽다.

현실에는 '강과 도로 사이 부지의 넓이'와 같은 경우도 많아 곡선이 얽힌 넓이를 구하는 방법을 알아야 한다. 하지만 사다리꼴 근사는 계산이 힘들다.

이를 해결해 줄 방법이 바로 '적분'이다. 적분은 넓이를 작게, 더 작게 나눠 가며 그것들을 모두 합하는 방법이다. 눈금을 셀 필요도 없고 또한 'x축, y축, y=f(x)로 둘러싸인 넓이'라는 형태로 함수를 사용해 계산으로 손쉽게 구할 수 있다.

넓이뿐만이 아니다. 부피, 특히 회전체와 같은 도형의 부피를 구하는 데에도 효과적이다. 그 구체적인 방법을 배워 보자.

# 곡선의 넓이를 '직사각형'으로 근사하기

# 인티그럴로 '구간'을 적분하기

적분이 '곡선 y=f(x)와 x축, y축에 둘러싸인 넓이를 구하는 도구'이기는 하지만 매번 전체 넓이를 구해야만 하는 것은 아니다. A의 소유지가 1~3, B의 소유지가 4~7, C가 8~9일 경우에는 구분별 넓이에 관심이 있기 마련이다.

이처럼 구간을 지정해 적분하는 방법을 '정적분'이라 한다(구간을 지정하지 않는 경우는 부정적분). 정적분은 (전체 넓이-불필요한 부분의 넓이)로 구한다.

예를 들어 x=a부터 x=b까지의 구간을 구하고자 한다면 그 넓이 S는

$$S = S(b) - S(a) \quad \cdots\cdots ①$$

이다.

적분(넓이)의 식은 독일의 라이프니츠(1646~1716년)가 고안한 '인티그럴'이라는 기호를 사용한다.

$$S = \int_a^b f(x)\,dx \quad \cdots\cdots ②$$

②의 식은 '함수 f(x)와 x축으로 둘러싸인 영역 중 구간(a, b)의 넓이를 구한다'라는 의미로 '인티그럴, a부터 b까지, 에프엑스ㆍ디엑스'라고 읽는다.

미분ㆍ적분은 라이프니츠와 뉴턴(1642~1727년, 영국)이 각각 독립적으로 발견했고 라이프니츠의 탁월한 기법이 오늘날 미분, 적분에서 널리 사용되고 있다.

# $x^n$을 적분하면?

이 책에서는 미분은 일절 다루지 않고 적분에 의한 넓이·부피만 다루고 있다. 원래 미분과 적분은 '한 쌍'이 되어 역조작할 수 있으므로 과감한 시도라 할 수 있는데 둘의 관계는 간단히 설명하는 것으로 마무리하고자 한다.

미분과 적분은 다음 페이지의 만화와 같이 미분하면 '$x^2 \rightarrow 2x$'가 되고, 반대로 적분하면 '$2x \rightarrow x^2$'이 되는 관계다.

$$x^2을 \ 미분 \rightarrow 2x가 \ 됨$$
$$2x를 \ 적분 \rightarrow x^2이 \ 됨$$

일반식을 생각하면 미분의 경우에는

$$\left( x^n \right)' = n x^{n-1}$$

이 된다. 여기서 '''은 미분의 기호다. 반대로 적분의 일반식은

$$x^n \ 의 \ 적분 \quad \longrightarrow \quad \frac{x^{n+1}}{n+1}$$

이 된다. 따라서 정적분의 공식은 아래와 같다.

$$\int_a^b x^n \, dx = \left[ \frac{x^{n+1}}{n+1} \right]_a^b$$

오른쪽 식의 위아래 첨자는 구간을 나타내며 b를 대입한 것에서 a를 대입한 것을 빼서 구간의 넓이를 구한다.

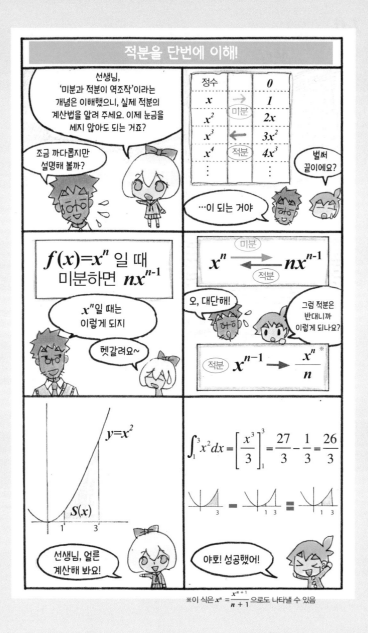

# 얇게 썬 조각으로부터
# 원래의 부피 구하기

어떻게 하면 적분을 사용해서 부피를 구할 수 있을까?

다음 장에서 구체적인 문제를 풀기 전에 먼저 대략적인 개념을 정리해 보자. 여기에서는 '회전체'의 부피를 구한다.

다음 페이지의 그림과 같은 순무가 있다고 하자. 이를 x축을 따라 얇게 썰면 미분이 된다. 순무의 이미지가 잘 떠오르지 않는다면 감자 칩을 예로 들어도 좋다.

썰기 전의 둥근 순무나 감자의 부피를 가늘게 나누면(미분) '단면적'이 되므로 반대로 '이러한 단면적을 많이 모으면(적분) 원래의 부피를 구할 수 있다'라는 사실을 깨닫게 된다.

단면적을 적분하면 부피를 알 수 있으니 순무의 부피를 식으로 나타내면 아래와 같다.

$$V = \int_c^d S(x)\,dx \qquad (\,S(x)\,\text{는 } x \text{ 의 단면적})$$

이 개념을 이용한 것이 의료에서 활약하는 CT 스캔이나 MRI 등의 단층 촬영 장치이다. 이에 따라 각 부분의 단면 사진(미분)을 볼 수 있는데 이들을 종합(적분)하면 인체를 재구성할 수 있다.

대략적인 개념은 이 정도로 정리하고 실제 적분으로 회전체의 부피를 구해 보자.

# CT 스캔으로 적분 개념을 이해하기

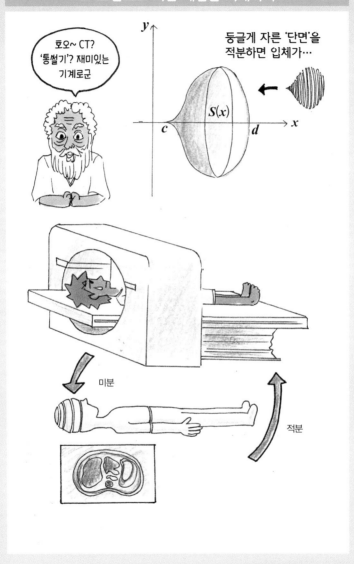

호오~ CT? '통썰기'? 재미있는 기계로군

둥글게 자른 '단면'을 적분하면 입체가…

미분

적분

# 회전체의 부피를 적분으로 구해 보기

**문제** 오른쪽의 입체는
f(x)=x+3과 x축으로 둘러싸인
부분을 x축 주위로 회전한 것이
다. x=0~6 범위의 부피를 구하
시오.

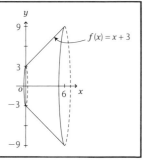

그림은 원뿔대라고 불리는 입체다. f(x)=x+3을 x축 주위로 회전했다고 하니
단면적은 원이 된다. 반지름은 (x+3)이므로 x 점에서의 단면적은 다음과 같다.

$$S(x) = \pi(x+3)^2$$

이 S(x)를 x=0~6구간에서 적분하면 부피를 구할 수 있다(풀이법은 다음
페이지 아래쪽 참조).

$$\int_0^6 \pi(x+3)^2 dx = \pi\left[\frac{x^3}{3} + \frac{6x^2}{2} + 9x\right]_0^6 = \pi(234-0) = 234\pi$$

위의 식은 $(x+3)^2 = x^2+6x+9$가 되므로 이를 다음의 공식

$$x^n \Rightarrow \frac{x^{n+1}}{n+1}$$

에 대입해 계산한 것이다. 이 방법에 따라 회전체의 부피는 단면적만 알면
쉽게 구할 수 있다.

# ⊙단면적을 적분해서 '회전체의 부피' 구하기

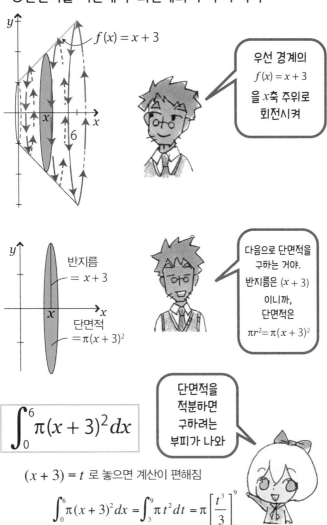

$$\int_0^6 \pi(x+3)^2\,dx$$

$(x+3) = t$ 로 놓으면 계산이 편해짐

$$\int_0^6 \pi(x+3)^2\,dx = \int_3^9 \pi t^2\,dt = \pi\left[\frac{t^3}{3}\right]_3^9$$

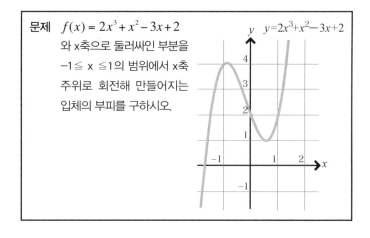

문제　$f(x) = 2x^3 + x^2 - 3x + 2$
와 x축으로 둘러싸인 부분을
$-1 \leqq x \leqq 1$의 범위에서 x축
주위로 회전해 만들어지는
입체의 부피를 구하시오.

$y = 2x^3 + x^2 - 3x + 2$

　　회전체의 부피이므로 ① 단면적을 구하고 ② 그것을 적분하는 순서로 구
할 수 있을 것이다.

　　먼저 $-1 \leqq x \leqq 1$의 범위, $f(x) = 2x^3 + x^2 - 3x + 2$를 축 주위로 회전하면 왼쪽 아
래 그림과 같다.

　　이 복잡한 회전체의 부피를 구하는 것은 언뜻 보면 어려워 보이지만 순
서는 같다. 먼저 ①단면적을 구한

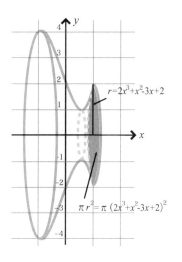

$r = 2x^3 + x^2 - 3x + 2$

$\pi r^2 = \pi (2x^3 + x^2 - 3x + 2)^2$

다. 회전체이므로 단면적은 원이 되
고 그 x의 반지름은

$$2x^3 + x^2 - 3x + 2$$

이므로 단면적은

$$S = \pi r^2$$
$$= \pi (2x^3 + x^2 - 3x + 2)^2$$

따라서 부피는

$$\int_{-1}^{1} \pi \left(2x^3 + x^2 - 3x + 2\right)^2 dx$$

$$= \pi \left[\frac{4x^7}{7} + \frac{4x^6}{6} - \frac{11x^5}{5} + \frac{2x^4}{4} + \frac{13x^3}{3} - \frac{12x^2}{2} + \frac{4x}{1}\right]_{-1}^{1}$$

$$= 13\frac{43}{105}\pi$$

---

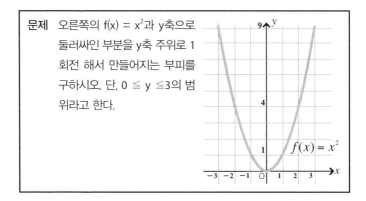

**문제**  오른쪽의 f(x) = x²과 y축으로 둘러싸인 부분을 y축 주위로 1회전 해서 만들어지는 부피를 구하시오. 단, 0 ≦ y ≦3의 범위라고 한다.

$f(x) = x^2$

---

지금까지는 x축 주위로 회전했지만 이번에는 y축 주위로 회전해 $0 \leq y \leq 3$의 범위이므로 적분하는 부분이 다르다. $y=x^2$에 따라 $x = \sqrt{y}$가 된다. 따라서 높이가 $y$일 때의 반지름은 $\pi r^2 = \pi \sqrt{y}^{\,2} = \pi y$이므로, 부피는

$$\int_0^3 \pi y \; dy = \pi \left[\frac{y^2}{2}\right]_0^3 = \frac{9}{2}\pi \quad \cdots\cdots(\text{dx가 아닌 dy인 것에 주의})$$

가 된다.

**7-8**

## 원뿔의 부피가 '정확히 원기둥의 $\frac{1}{3}$'이 되는 증명!

앞서 5장에서 '삼각뿔의 부피는 삼각기둥의 $\frac{1}{3}$'이라는 사실을 기하적으로 증명했다. 한편 원뿔과 원기둥의 경우는 어떨까?

이는 사실 적분으로 생각하면 의외일 정도로 쉽게 이해할 수 있다. 지금까지 살펴본 회전체, 그것도 지극히 간단한 회전체로 설명할 수 있는 것이다.

---

**문제**  y=x와 x축으로 둘러싸인 부분을 x축 주위로 1회전 해서 하나의 입체를 만들었다. 이 부피로부터 '원뿔:원기둥=1:3'이 된다는 사실을 증명하시오.

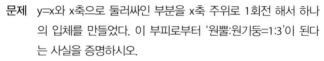

---

회전체의 부피에 대해서는 이미 잘 이해하고 있을 테니 이 문제처럼 y=x라면 간단할 것이다.

y=x를 회전한 것은 원뿔이 되며 그 부피는 단면적 $\pi x^2$을 적분해 구할 수 있으므로 구하는 범위를 $0 \le x \le r$로 하면

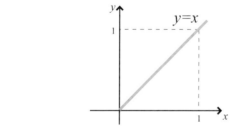

$$\text{원뿔의 부피} = \int_0^r \pi x^2 dx = \pi \left[ \frac{x^3}{3} \right]_0^r = \frac{r^3}{3}\pi \quad \cdots\cdots \text{①}$$

가 된다.

문제는 '원뿔:원기둥=1:3'이 된다는 사실을 증명하는 것이므로 같은 높이

의 원기둥의 부피를 생각해 보자.

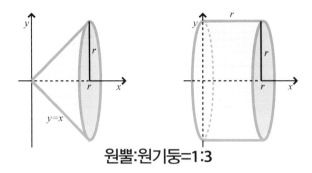

**원뿔:원기둥=1:3**

밑면의 반지름은 x=r일 때 r이므로

$$밑넓이= \pi r^2$$

이 된다. 여기서 높이는 r이므로 원기둥의 부피는

$$원기둥의 부피= \pi r^3 \cdots\cdots ②$$

①과 ②로부터

$$원뿔의 부피:원기둥의 부피= \frac{r^3}{3}\pi : \pi r^3 = 1 : 3$$

삼각뿔, 삼각기둥과 같은 다각형뿐만 아니라 원뿔과 원기둥도 부피 비가 '1:3'이라는 사실이 증명되었다. 초등학교 이후로 '왜 3분의 1일까'하고 궁금해했던 사람도 많을 텐데 이로써 의문이 해결된 셈이다.

그 외에도 정n각형을 밑면으로 하는 각뿔은

$$\frac{밑면의 넓이 \times 높이}{3}$$

이므로 n→∞라 하면 원뿔이 $\frac{1}{3}$이 된다는 사실을 증명할 수 있다.

# 뉴턴은 '마지막 수메르인'?

  뉴턴(1642~1727년)은 아르키메데스, 가우스와 어깨를 나란히 하는 '3대 수학자' 중 한 명이다. 수학 연구의 관점에서 보면 당시 케임브리지대학에서의 생활은 따분하고 지루했던 것 같다.

  그러다 흑사병의 창궐이 뉴턴을 수학 연구의 길로 향하게 했다. 1665~1666년 영국에서 흑사병이 크게 유행하면서 케임브리지대학은 2년간 폐쇄된다.

  그동안 뉴턴은 고향인 울즈소프로 돌아와 평온한 나날을 보냈는데 이 2년이야말로 뉴턴이 무한급수, 미적분, 광학 등의 분야에서 연구의 기초를 쌓아 올린 시기가 되었다. 뉴턴은 "그 2년이 나의 전성기다. 수학과 철학에 그토록 전념할 수 있었던 시기는 없었다"라고 말할 정도였다.

  한편 그가 세상을 떠나고 300년 후 뜻밖의 일면이 드러났다. 1696년 뉴턴이 케임브리지를 떠날 때 자신의 논문과 서적들을 수납함에 넣어 조카딸에게 보냈는데 20세기 이후 케임브리지에 다시 반환됐을 때 경제학자 존 메이너드 케인스가 자료 보관을 담당하게 된다.

  이를 읽은 케인스는 "뉴턴은 이성의 시대를 연 최초의 인물이라기보다는 최후의 마술사이자 마지막 수메르인이었다"라고 말했다. 실제로 뉴턴이 연금술 연구에 상당한 시간을 할애하는 등 이성적이라 볼 수 없는 행동을 한 것이 다수 발견됐기 때문이다.

# 제8장

# 신기한 '기하 우주'

## 토폴로지는 고무판 기하학

원, 다각형 등 익숙한 기하학 외에도 독특한 기하학이 있다. 그중 하나가 토폴로지(위상 기하학)다.

**문제** 다음 그림을 분류하시오.

도형과 숫자, 곡면의 보유 여부, 그림의 크기 등 분류 방법에는 여러 가지가 있다. 만약 이 도형들이 고무줄이나 점토, 고무공 등 신축성이 뛰어난 소재로 만들어져 있다면 어떨까?

이 경우에는 ▲을 ●으로 변경할 수 있고 2나 ★을 ■으로 바꿀 수도 있다. 한편 토폴로지에서는 구멍이 뚫려 있지 않은 2나 ●을 구멍이 뚫려 있는 6으로 만들 수 없다. 따라서 0이나 9, 6은 같은 계열이라고 생각해도 좋을 것이다. 이 문제에는 나오지 않았지만 8에는 구멍이 2개 있으므로 이 또한 다른 유형으로 여겨진다.

입체 도형도 마찬가지다. 구(球)로 정육면체 만들기는 가능하지만, 도넛과 같은 구멍이 난 물체는 만들 수 없다.

이처럼 변의 수나 각도의 크기 등이 아닌 좀 더 유연하고 본질적인 관점에서 세계를 재인식하는 것이 토폴로지로 '고무판 기하학'이라고도 한다.

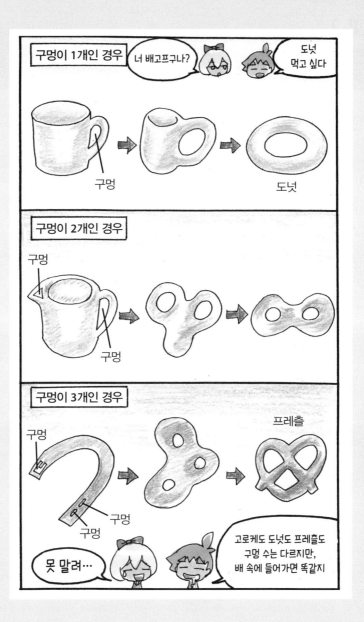

# 데포르메 지도는 '본질에 접근하는' 토폴로지 적 발상

"'고무판의 기하'가 무슨 도움이 되지?"라고 의문을 품는 사람도 있을 듯하다. 답은 '본질에 파고들기 쉬워진다'라는 점이다. 예를 들면 앞서 '원과 정사각형은 같다', '고로케와 도넛은 다르다'라고 구분한 것과 같이 기존의 '변의 수로 구분'하는 것보다 연결부나 구멍수 등 도형의 '본질적인 부분'에 초점을 맞추어 생각할 수 있다.

다음 페이지의 두 지도를 비교해 보자. 위의 데포르메 그림은 승객에게 필요한 정보에 집중해 약간 변형함으로써 한눈에 들어오는 직관적인 지도가 되었다. 공간에 맞춰 적절한 수정도 가능하다. 아래 실제 지도의 경우에는 세로로 긴 공간이 필요하다.

승객에게 중요한 정보는 각 선이 어느 역에서 만나는지(환승)이며 위의 지도는 그 부분을 명료하게 나타냈다. 길이나 위도·경도 등은 '불필요한 정보'로 분류해 생략함으로써 목적에 맞게 제작한 것이다.

물론 도쿄의 지리나 지형을 알고 싶은 사람에게는 도쿄의 고지대나 저지대 부분 등을 데포르메한 지도가 유용할 것이다. 가이드 맵 등은 관광 명소만 크게 표기하고 그 외의 정보는 생략해서 한눈에 보기 쉽다. 생략함으로써 중요한 정보가 두드러지는 것이다.

토폴로지의 세계에서는 위아래, 각도, 길이 등은 의미가 없다. 데포르메를 통해 그 도형이 가지는 본질을 이해할 수 있고, 이는 문제해결의 지름길이 되기도 한다. 그 유명한 사례를 다음 장에서 소개한다.

## 데포르메로 알기 쉽게 변형하기

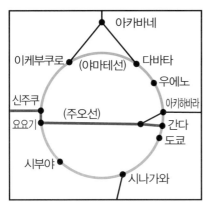

우와, 데포르메 지도는 간단명료해서 한눈에 보기 쉽네!

헉, 정확한 지도는 오히려 알아보기 힘들어…

# 오일러의 '한붓그리기'로 난제 풀기

'점과 선'이야말로 '연결'이라는 점에서 토폴로지의 본질이라 할 수 있다. 그리고 이 연결고리를 생각하는 데 있어서 빼놓을 수 없는 인물이 바로 오일러(1707~1783년)다.

오일러는 프로이센의 칼리닌그라드를 방문했을 때 '프레겔 강에 있는 7개의 다리를 한 번씩 건너서 통과할 수 있을까(즉 같은 다리를 두 번 건너면 안 된다)?'라는 어려운 문제에 도전했다.

그는 다음 페이지의 아래 그림과 같이 '다리와 길'을 '점과 선'으로 간략하게 만들면 '한붓그리기가 가능한가?'의 문제로 대체될 수 있음을 보여줬다. 칼리닌그라드의 7개의 다리 문제는 고전적인 주제이기 때문에 결과를 이미 알고 있는 독자도 많겠지만 문제는 '어떻게 접근하면 좋을지'다.

한붓그리기는 어떤 때에 가능하고 어떤 때에 불가능한 것일까?

그림에는 점이 4개 있다. 출발점과 종착점(최대 2개) 외에 통과점의 특징은 '들어가면 나간다'라는 것으로, 통과점의 경우 반드시 '짝수 개의 길'이 된다.

한편 프레겔 강의 4개 점은 모두 홀수 점이다. 이는 한붓그리기가 절대 불가능하다는 결론이 나온다. 오일러가 순식간에 어려운 문제를 풀 수 있었던 것은 다음 페이지 위에 있는 까다로운 문제를 아래의 데포르메 그림으로 바꿔서 생각했기 때문이다. 데포르메 능력이 뛰어나면 문제의 본질에 빠르게 접근할 수 있다는 사실을 여기서도 알 수 있다.

# '비유클리드'라는 이름의 새로운 기하학

'기하학'이라고 한마디로 말하지만, 기하학에는 사실 두 가지 종류가 있다. 삼각형의 내각의 합=180°라든가 원기둥=원뿔 부피의 3배 등, 지금까지 당연하게 여겨 온 기하학은 고대 그리스 수학자 유클리드가 기초를 닦았기 때문에 '유클리드 기하학'이라고 부른다.

유클리드 기하학은 '평행선은 만나지 않는다' 등 누구나 인정하는(증명할 필요가 없는) 5개의 공리 · 공준을 바탕으로 성립한다.

물론 어디까지나 평평한 평면이 계속되는 세계에서는 '평행선이 만나지 않는다'라고 할 수 있지만 우리가 사는 지구도 평면으로 보여도 사실은 곡면이다. 예를 들어 경도선은 모두 적도에 직각이므로 경도선끼리는 평행이라고 생각할 수 있으나 결국엔 북극점이나 남극점에서 만나게 된다. 즉 이들은 평행하지 않으며 지구 표면은 '평행선이 존재하지 않는 세계'라고 할 수 있다.

게다가 이 "삼각형"은 적도에서의 밑변 양 끝 각이 모두 직각이기 때문에 '내각의 합〉180°'라고 할 수 있다. 가까운 곳에 지금까지와는 다른 기하학이 존재한 것이다. 이는 유클리드 기하학과는 다른 기하학이 존재함을 나타내는 것으로 비유클리드 기하학이라고 부른다.

비유클리드 기하학에는 다른 유형이 하나 더 존재한다. 바로 '평행선이 무수히 존재하는 세계'로, '삼각형 내각의 합〈180°'가 된다.

이처럼 유클리드의 '평행선 공리 · 공준'에 대한 부정이 새로운 기하학을 잇달아 성립시킨 것이다.

## 8-5 필즈상과 100만 달러 상금을 거절한 수학자

'우주는 어떻게 생겼을까?'

우리는 우주 밖으로 나가 직접 '우주의 형태'를 볼 수는 없다. 이때 도움이 되는 것이 '푸앵카레 추측'이라 불리는 것으로 여기에 과감하게 도전해 100년 만에 답을 내놓은 인물이 러시아의 수학자 페렐만(1966년~)이다.

우리 인류는 지구를 밖에서 볼 수 없는 시대에도 지구가 둥글다는 것을 알고 있었다. 망망대해로 사라져 가는 배는 하단의 바닥 부분부터 보이지 않게 되고 마지막으로 가장 높은 돛대가 사라진다. 반대로 배가 수평선으로부터 보이기 시작할 때는 처음에 돛대가 보이고 마지막에 하단이 보인다. 수평선을 바라보고 있으면 수평선이 둥글다는 것을 알 수 있는데 지금은 우주에서 관찰하고 확인할 수 있게 되었다.

그렇다면 우주는 어떻게 생겼을까? 22세기가 되어도 인간이 우주 밖에서 '우주를 바라보기'는 어려울 것이다. 하지만 은하계의 형태를 지구에서 유추했듯이 인간이 '뇌'라는 공간 속에서 우주의 형태를 가늠할 수 있는 단서가 있지 않을까?

우주의 형태를 밝혀낼 수 있다고 여겨진 것이 푸앵카레 추측이다. 프랑스의 수학자 푸앵카레(1854~1912년)는 '밧줄 하나로 우주의 형태를 알 수 있다'라고 추측했다.

예를 들어 다음 페이지의 그림처럼 밧줄로 지구를 한 바퀴 감은 뒤 당겼을 때 지구 표면을 따라 밧줄을 회수할 수 있다면 '지구는 둥글다'라고 증명할 수 있다는 것이다. 만약 지구가 도넛 모양이라면 밧줄이 구멍에 걸리거나 표면을 따라 회수할 수 없으므로 '둥글지 않다(도넛형)'라고 본다.

## 지구에서 '지구의 모양'을 알 방법이 있다?

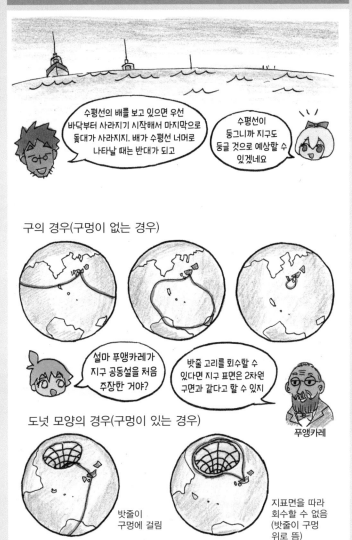

수평선의 배를 보고 있으면 우선 바닷부터 사라지기 시작해서 마지막으로 돛대가 사라지지. 배가 수평선 너머로 나타날 때는 반대가 되고

수평선이 둥그니까 지구도 둥글 것으로 예상할 수 있겠네요

구의 경우(구멍이 없는 경우)

설마 푸앵카레가 지구 공동설을 처음 주장한 거야?

밧줄 고리를 회수할 수 있다면 지구 표면은 2차원 구면과 같다고 할 수 있지

푸앵카레

도넛 모양의 경우(구멍이 있는 경우)

밧줄이 구멍에 걸림

지표면을 따라 회수할 수 없음 (밧줄이 구멍 위로 뜸)

마찬가지로 우주에 밧줄을 던져 한 바퀴 돌리고 지구로 다시 당겼을 때 밧줄을 회수할 수 있으면 '우주는 둥글다'라고 할 수 있고, 회수하지 못하면 '둥글지 않다(구멍이 뚫린 도넛 모양 등)'라고 할 수 있다. 이는 2차원 곡면에서는 성립한다. 그는 '3차원에서도 같은 이론이 성립할 것이다'라고 주장한 것이다.

푸앵카레는 원뿔이나 원기둥, 구 등의 기존 기하학보다 더욱 유연한 분류를 생각했다. 여기서 중요한 것은 '구멍이 몇 개 있는 도형인가'라는 것이다. 예를 들어 구, 정육면체는 구멍이 0개, 도넛 모양은 1개, 안경 모양은 구멍이 2개…로 푸앵카레가 '토폴로지(위상 기하학)의 창시자'라고 불리는 이유가 여기에 있다.

100여 년 전의 '푸앵카레 추측'은 간단해 보이지만 아무도 해결하지 못해 차원을 높였다가 서서히 낮추는 방법도 시도되었다. 이처럼 푸앵카레 추측이 알려진 지 100년 이상이 지난 2006년, 기다리고 기다리던 답을 찾게 된다.

러시아의 수학자 페렐만이 '밧줄을 회수할 수 있다면 우주는 둥글고, 회수하지 못하면 최대 8개의 형태(도넛 모양 등)의 복합체'라는 증명을 발표한 것이다. 그것도 학회지가 아닌 누구나 볼 수 있는 인터넷상에서 말이다.

2006년 8월, 수학계에 큰 공헌을 한 수학자(40세 이하)에게 주는 필즈상 시상식이 스페인에서 진행되었지만, 페렐만은 나타나지 않았다. 수상도 상금 100만 달러도 거절한 것이다.

페렐만이 자취를 감춘 이유에 대해서는 여러 가지 추측이 있지만 하루빨리 복귀해 새로운 수학적 난제에 도전해 주길 바란다.

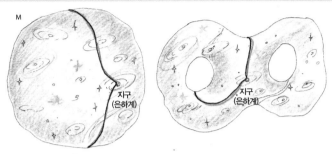

## · 푸앵카레 추측이란?

'단일 연결인 3차원 다양체 $M$은 3차원 구면 $S^3$과 같은 것이다'

$(\pi_1(M) = 0 \Rightarrow M \approx S^3)$

※ ≈는 위상 동형이라는 뜻

arXiv:math/0211159v1 [math.DG] 11 Nov 2002

# The entropy formula for the Ricci flow and its geometric applications

Grisha Perelman[*]

February 1, 2008

## Introduction

**1.** The Ricci flow equation, introduced by Richard Hamilton [H 1], is the evolution equation $\frac{d}{dt}g_{ij}(t) = -2R_{ij}$ for a riemannian metric $g_{ij}(t)$. In his seminal paper, Hamilton proved that this equation has a unique solution for a short time for an arbitrary (smooth) metric on a closed manifold. The evolution equation for the metric tensor implies the evolution equation for the curvature tensor of the form $Rm_t = \triangle Rm + Q$, where $Q$ is a certain quadratic expression of the curvatures. In particular, the scalar curvature $R$ satisfies $R_t = \triangle R + 2|\text{Ric}|^2$, so by the maximum principle its minimum is non-decreasing along the flow. By developing a maximum principle for tensors, Hamilton [H 1,H 2] proved that Ricci flow preserves the positivity of the Ricci tensor in dimension three and of the curvature operator in all dimensions; moreover, the eigenvalues of the Ricci tensor in dimension three and of the curvature operator in dimension four are getting pinched point-wisely as the curvature is getting large. This observation allowed him to prove the convergence results: the evolving metrics (on a closed manifold) of positive Ricci curvature in dimension three, or positive curvature operator

[*]St.Petersburg branch of Steklov Mathematical Institute, Fontanka 27, St.Petersburg 191011, Russia. Email: perelman@pdmi.ras.ru or perelman@math.sunysb.edu ; I was partially supported by personal savings accumulated during my visits to the Courant Institute in the Fall of 1992, to the SUNY at Stony Brook in the Spring of 1993, and to the UC at Berkeley as a Miller Fellow in 1993-95. I'd like to thank everyone who worked to make those opportunities available to me.

1

페렐만이 인터넷에 공개한 푸앵카레 예상의 증명. 누구나 열람 가능하다.
(http://arxiv.org/pdf/math/0211159v1)

# 프랙털은 '자기 닮음'의 기하학

'수학은 연필 한 자루, 종이 한 장으로 가능한 사고 과학'과 같이 여겨지기 쉽지만 컴퓨터의 도움이 효과적인 분야도 있다. 그중 하나가 프랙털이다.

프랙털이란 '분수'를 의미하며 '임의의 한 부분이 전체의 형태와 닮은' 자기 닮음 도형이다. 일반적으로 기하학이라고 하면 삼각형, 원, 원뿔과 같은 각진 모양, 혹은 곡선으로 둘러싸인 넓이 등을 다룬다고 여겨진다.

반면 프랙털은 다르다. 고사리의 잎, 강의 곡류, 산맥의 형상 등 자연계의 형태를 프랙털 이론에 의해 재현하거나 모방하는 것도 가능한 것이다.

다음 페이지의 코흐 곡선은 프랙털의 기본이라고도 할 수 있다. 전체 모양과 일부를 확대한 형태가 '똑같다'라는 점에 주목하자.

또한 1910년대 수학자들 사이에서 알려진 페아노 곡선(그림 생략)은 2차원의 평면을 메우는 1차원의 선으로 불가능할 것처럼 보이지만 평면을 덧칠하듯 채워 나간다.

오른쪽 그림의 시어핀스키 개스킷은 정삼각형을 4개의 작은 정삼각형으로 나눈 뒤 가운데 삼각형을 제거하고 동일한 방식으로 계속해서 분할하는 자기 닮음 도형이다.

컴퓨터가 등장하면서 프랙털의 세계가 예술과 과학 기술의 응용 분야로 크게 확산하고 있다.

# 일부를 확대해도 같은 '프랙털 도형'

코흐 곡선

시어핀스키 개스킷

일부를 확대해도
전체와 같음

# 프랙털 차원을 계산하기

프랙털은 수학적으로 '특이한 차원'을 가진다. 예를 들어 '선'은 1차원, '면'은 2차원, '입체'는 3차원의 '정수' 차원인데 프랙털은 1.56차원, 2.33차원과 같이 불완전한(프랙털) 수의 차원을 가지는 것이다.

실제로 그림을 보면서 차원을 생각해 보자. ①선분(1차원), ②정사각형(2차원), ③정육면체(3차원)가 있으며 각각의 닮은 도형을 떠올린다. 예를 들어 각 변을 2등분한 것을 한 변으로 삼는 도형은 ①~③의 닮은 도형이 될 것이고, ①은 2개, ②는 4개, ③은 8개의 작은 닮은 도형을 만든다.

이는 $2^1$, $2^2$, $2^3$으로 나타낼 수 있고 지수=차수임을 알 수 있다. 도형을 p등분($\frac{1}{p}$)했을 때 q개의 닮은 도형이 생긴 경우, 차원 D는 다음과 같이 생각할 수 있다.

$$D = \frac{\log q}{\log p} \quad \text{(p등분해서 q개의 닮은 도형이 만들어진 경우)}$$

예를 들어 8-6의 코흐 곡선은 3등분(p=3)해서 4개(q=4)의 자기 닮음 도형이 만들어지므로 이 계산법으로는 1.2618차원이 된다.

$$D = \frac{\log 4}{\log 3} = \frac{2 \log 2}{\log 3} = \frac{2 \times 0.30103}{0.47712} ≒ 1.2618 \cdots$$

마찬가지로 시어핀스키 개스킷은 변을 2등분해서(p=2) 3개의 닮은 도형(q=3)이 생겼으므로

$$D = \frac{\log 3}{\log 2} = \frac{0.47712}{0.30103} ≒ 1.5849 \cdots$$

와 같이 1.5849차원이라고 할 수 있다.

## 프랙털 차원은 '차수'로 결정

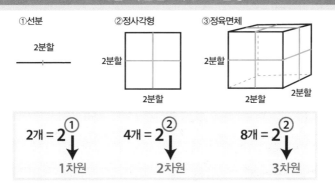

①선분

2분할

②정사각형

2분할

2분할

③정육면체

2분할

2분할

2분할

$2$개 $= 2^{①}$ → 1차원

$4$개 $= 2^{②}$ → 2차원

$8$개 $= 2^{②}$ → 3차원

## 망델브로 집합※을 확대하기

※자기 닮음적 프랙털 도형

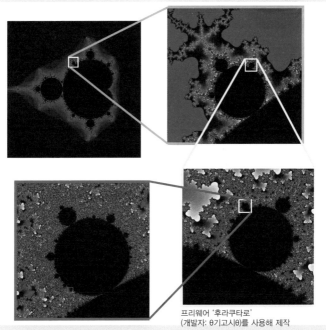

프리웨어 '후라쿠타로'
(개발자: θ기고시θ)를 사용해 제작

# 아마존, 나일강의 프랙털 차원을 계산하는 방법

프랙털 차원이라는 차원 개념의 확장에 따라 코흐 곡선과 같은 인공적인 도형뿐만 아니라 그동안 정량화가 어려웠던 산의 능선, 하천의 분기점, 수목의 가지 등 자연 형태도 수학의 대상으로 삼게 되었다.

코흐 곡선이나 시어핀스키 개스킷 등은 1차원과 2차원 사이의 차원을 가지고 있으며 '어느 정도 2차원 평면을 덮고 있는지'를 나타내는 지표라고도 할 수 있다.

예를 들어 아마존강과 나일강 등 '자연계에 존재하는 하천'의 프랙털 차원은 어떻게 되는지, 어떻게 구할 수 있는지 순서대로 살펴보자.

먼저 모눈종이와 양대수 그래프를 준비한다. 우선 코흐 곡선으로 설명하기로 한다.

①의 큰 정사각형(크기1) 안에 코흐 곡선을 그리고 코흐 곡선이 포함된 정사각형을 센다.

이어서 ②한 변이 $\frac{1}{3}$크기인 정사각형(9개로 분할)으로 동일하게 센다. ③마찬가지로 한 변이 $\frac{1}{3}$크기인 정사각형(27개로 분할)으로 세고, ④에서는 81분할, ⑤에서는 243분할까지 해서 똑같이 센다. 매스매티카 섬(156쪽)에서 소개했던 방법이 여기서도 사용된다.

결과는 다음과 같았다.

| 한 변 길이의 역수 | 3 | 9 | 27 | 81 |
|---|---|---|---|---|
| 셈한 수 | 3 | 15 | 59 | 240 |

# 차수를 '그림을 바탕으로 계측하는' 방법

① 한 변=1의 정사각형

② 한 변이 $\frac{1}{3}$인 정사각형

점점 작아지네.
다 셀 수
있을까?

③ 한 번 더 $\frac{1}{3}$로 만든 정사각형

이제 한계에
달한 것 같아.
그래도
모양은 똑같네

다음으로 양대수 그래프에서 가로축에 한 변 길이의 역수(정사각형 개수), 그리고 세로축에 아래 그림과 같이 셈한 개수를 표기한다.

그래프는 거의 일직선으로 나란히 위치한다. 선의 기울기를 알기 위해 직선을 긋고 살펴보면 대략 약 1.3으로 8-7의 코흐 곡선의 계산 1.26과 거의 같아 '그래프를 통해서도 프랙털의 차원을 구할 수 있다'라는 사실을 알게 된다.

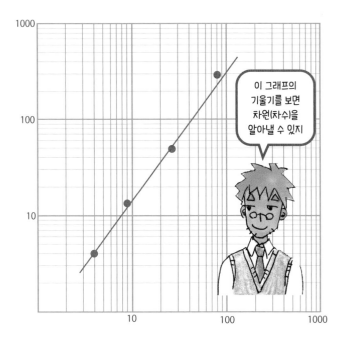

아마존강, 나일강의 프랙털 차원은 계산으로 구할 수 없지만 이 방법으로는 근사할 수 있다. 실제로 다음 페이지와 같이 강을 그려 보면 아마존강의 곡류는 1.85차원, 나일강의 곡류는 1.4차원이라는 것을 알 수 있다.

# 아마존강, 나일강의 프랙털 차원을 계측하기

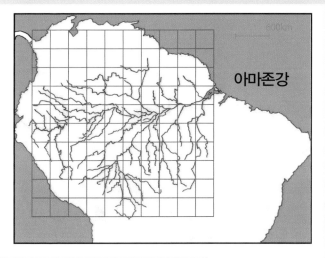

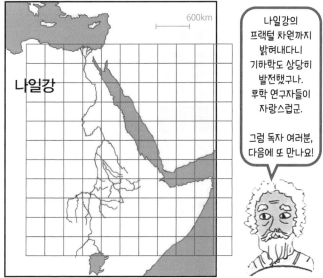

나일강의 프랙털 차원까지 밝혀내다니 기하학도 상당히 발전했구나. 후학 연구자들이 자랑스럽군.

그럼 독자 여러분, 다음에 또 만나요!

# 오일러가 공주에게 보낸 편지
## 기하학에 왕도가 있다!

  레온하르트 오일러(1707~1783년)는 스위스 바젤에서 태어난 천재 수학자로 3대 수학자(아르키메데스, 뉴턴, 가우스)에 필적하는 높은 평가를 받고 있다. 그가 저술한 논문의 양도 놀라울 정도로 방대해 생전에 500편 이상, 사후에 400편의 논문이 발견되었다. 그가 세상을 떠난 지 120년이 넘은 현재까지도 '오일러 전집'은 미완성(70권 이상) 상태다.

  '오일러'라고 하면 오일러의 등식($e^{\pi i} = -1$)이 유명해서 그런지 '난해'하다는 이미지가 있는데, 그는 '어려운 것을 쉽게 풀어 해설하는' 능력이 뛰어났다. 특히 유명한 것이 프리드리히 대왕의 질녀 데사우 공주에게 기하학을 강의한 편지인 『독일 공주에게 보내는 편지』다. 이 서한집이 발간되자 '이해하기 쉬운 수학 입문서'로서 유럽 전역에서 큰 인기를 얻었고 오일러의 저서 중에서도 지금까지 가장 많이 읽힌 책으로 꼽는다.

  그는 화재로 재산을 잃고, 사랑하는 아내를 잃고, 시력 상실 후 수술에도 실패하는 등 수많은 비운을 겪으면서도 운명과 싸워 승리한 수학자였다. 눈이 거의 보이지 않게 되었을 때도 놀라운 기억력, 암산력 그리고 긴 수학적 논증을 암기함으로써 다수의 연구 성과를 남겼다.

  1783년 9월 13일 돌연 사망할 때까지 오일러의 연구를 향한 열정은 절대 사그라지지 않았다.

〈주요 참고 도서〉

S・ホリングデール, 『数学を築いた天才たち＜上・下＞』, 講談社, 1993.

岡部恒治, 『マンガ幾何入門』, 講談社, 1996.

A・B・Chace, 『リンド数学パピルス—古代エジプトの数学』, 朝倉書店, 1985.

中村幸四郎, 寺阪英孝, 伊東俊太郎, 池田美恵, 『ユークリッド原論(縮刷版)』, 共立出版, 1996.

吉田光由, 『塵劫記』, 岩波書店, 1977.

ベンワー B・マンデルブロ, 『フラクタル幾何学』, 日経サイエンス社, 1984.

# 하루 한 권, 기하학

초판 1쇄 발행 2023년 09월 27일
초판 2쇄 발행 2024년 04월 30일

지은이   오카베 츠네하루 · 혼마루 료
옮긴이   원지원
발행인   채종준

출판총괄   박능원
국제업무   채보라
책임편집   구현희 · 김민정
마케팅   문선영 · 전예리
전자책   정담자리

브랜드   드루
주소   경기도 파주시 회동길 230 (문발동)
투고문의   ksibook13@kstudy.com

발행처   한국학술정보(주)
출판신고   2003년 9월 25일 제 406-2003-000012호
인쇄   북토리

ISBN 979-11-6983-680-7 04400
      979-11-6983-178-9 (세트)

드루는 한국학술정보(주)의 지식 · 교양도서 출판 브랜드입니다.
세상의 모든 지식을 두루두루 모아 독자에게 내보인다는 뜻을 담았습니다.
지적인 호기심을 해결하고 생각에 깊이를 더할 수 있도록, 보다 가치 있는 책을 만들고자 합니다.